澄懷觀道

传统之文人香事文物

主编　吴　清　韩回之

上海科学技术出版社

编委会

顾　问

韩天衡

策　划

朱晓东

主　编

吴　清　韩回之

编写组

潘　璐　朱羡煜　王轩渲　徐韵逸

序言

华夏文明自上古时就有熏燎祭祀的传统。最晚在魏晋时期，熏香就已经成为一种生活习俗，是人们日常生活的组成部分。唐宋以来，沉、檀、龙、麝、拣等舶来香料大量输入，形成了以文人为主导的香事文化，各种香事道具、香料、香仪、香谱等逐一完善，达官贵族、文人墨客、释道僧侣无不焚香论道、鼻观悟禅、散虑忘情，留下了诸多关于香事的诗词歌赋。元明时期，在高度发展的社会经济支持下，文人香事更得到极大发展，出现了很多对后世香事文化产生巨大影响的典籍，并远播海外。但是，随着清代中期以后国力的衰弱和外来文化的冲击，香事文化渐渐衰微，以至近百年来几近失传。

笔者年少时受父亲影响，爱好古玩藏鉴。十年前驻学东瀛，秉烛之余，也颇为关注源于华夏的日本『传统文化』，他们对诸如品茶、插花、闻香等雅事，都比较完整地传承至今，而且开枝散叶，民众也奉此为高尚之学、雅逸之事。于是便『礼失求诸野』，常常出没于各大博物馆与古董店中，潜心研习，网罗古物。

而今在我国，经济昌盛，社会和谐，人们的精神需求也日益提升，香事文化正日益得到复兴。此次策划举办『澄怀观道——传统之文人香事文物特展』，邀集热爱香事的多位同道倾其珍藏合展于韩天衡美术馆，集『独乐』『小乐』以飨『众乐』，乃得以合著此册。

其中，战国璇玑纹活环链双龙提手三足铜吊炉、晋黄褐釉越窑香熏、北宋白瓷高足炉、明错金银饕餮纹『石叟』款出戟三足鼎式铜炉等，以不同的炉具造型，呈现各个时期焚燃香料的变化；又如唐代银香合、宋代湖田窑青白瓷堆塑花卉纹香合、元杨茂作红面剔犀大香合、明剔红渔翁得利多层大香合等，则以不同的花纹装饰体现了文人审美由简入繁的变化；再如宋剔红牡丹纹长方盘、元剔红孔雀香盘、明剔红牡丹鹦鹉方盘、明螺钿刀马人物大香几、清铜鎏金造办处做炉瓶三事等，以其独特且极致的工艺手段，体现了文人对香事文化的倾心尊崇。

今以私藏举展示于众，亦仿效宋明以来文人们勘验学问，赏心悦目之雅事，故乐为之！

癸巳冬吉日

韩无极于艺园

目录

中华大地上人们的用香历史非常悠久，宋丁谓《天香传》谓『香之为用从上古矣』。从传世及出土文物文献来看的确如此。

考古发现所知，『香』字最早出现于殷商时期的甲骨卜辞中，甲骨文『香』字写作『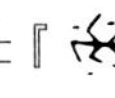』，东汉许慎在其所著《说文解字》一书中释香字为：『香，芳也。从黍，从甘。』《左传·僖公五年》载『黍稷馨香』，即指美好的气味。

我国自古以来就极重视祭祀。《春秋·左传·成公十三年》记：『国之大事，在祀与戎。祀有执膰，戎有受脤，神之大节也。』在祭祀的程序中除了酒食之外当然会焚香烟祀。目前所知最早的焚香祭器为1983年上海青浦福泉山高台墓地74号墓出土的良渚文化竹节纹带盖陶质熏炉。先秦古文诗歌中凡提到『馨』『香』或『馨香』者，多与祭祀有关，如《尚书·酒诰》曰：『弗惟德馨香，祀登闻于天。』《诗经·大雅·生民》曰：『于豆于登，其香始升。』等。

《尚书·舜典》载：『正月上日，受终于文祖。在璇玑玉衡，以齐七政。肆类于上帝，禋于六宗，望于山川，遍于群神。辑五瑞。既月，乃日觐四岳群牧，班瑞于群后。岁二月，东巡守，至于岱宗，柴。望秩于山川，肆觐东后。』文中『禋』『望』『柴』，皆是上古祭祀的名称。柴者以烧树枝木材祭天神也（《说文句读》），亦谓之燎祭。安阳殷墟出土甲骨卜辞中有许多关于燎祭的记载，如贞燎于四云（《合集》13401）；癸酉卜，又燎于六云，五豕，卯五羊（《合集》33273）。

由此知上古对上天之祭仪主要用于烟气升腾的燎祭。《诗经·大雅·生民》曰『载谋载惟，取萧祭脂』，萧者，香蒿也。今我国及世界许多国家和地区使用焚烧香料来祭祀祖先、神灵、山川等的礼仪皆是上古以来祭祀的遗绪。故上古之柴、烟、燎祭祀实后世焚香之滥觞也。

南朝徐陵编著的《玉台新咏》中《古诗八首之六》：『四坐且莫喧，愿听歌一言。请说铜炉器，崔嵬象南山。上枝以松柏，下根据铜盘。雕文各异类，离娄自相联。谁能为此器？公输与鲁班。朱火燃其中，青烟飏其间。从风入君怀，四坐莫不叹。香风难久居，空令蕙草残。』又《和徐录事见内人作卧具》诗中有『香和丽邱蜜，麝吐中台烟』之句，及《歌词二首·之二》『卢家兰室桂为梁，中有郁金苏合香』等。

《古诗六首》中描写了放在铜盘里像南山般做工极为精美的铜香炉（此炉名为博山炉，始于汉代，在汉至魏晋间极为流行），以及炉中散发出蕙草焚烧出来的香风。蕙草又称熏草，《广雅·释草》：『熏草，蕙草也。』《名医别录》谓：『熏草，一名蕙草，生下湿地。』马王堆一号汉墓出土的木榻上有『葸（蕙）笥』，其出土物中有茅香一笥（352 西边箱下层，理成束状的茅香根茎）；此墓中还出土一件陶熏炉，其中装满了茅香，故蕙草即今之香茅草也。

长沙马王堆一号墓出土的资料清晰地说明在西汉初年盛行的品香种类有：蕙草、杜蘅、蕡（杂香草）等，充作熏囊（香囊）佩戴的香品有花椒、茅草、辛夷等，用以熏烧者有茅香、高良姜、辛夷、藁本等。这些香料都属于南方中土所产，此时尚未见使用域外进来的香料。

自战国出现熏炉至西汉中前期，熏炉的形状为铜质下部镂空无盖的吊炉或是铜、陶、釉陶等炉形较扁，炉盖出气孔较大的豆形炉以及下部炉体开进气孔，上部炉盖出气孔较大的博山炉，因这一时期用来熏烧的香料主要是本土所产的茅香、辛夷、高良姜等草本植物，是以火直接焚烧，故炉体浅，炉盖孔大，为使熏烧不灭也。

自汉武帝灭匈奴，通西域及东汉光武帝伐南越后，海外香料源源不断地进入中国。《太平御览》卷九八二引班固《与弟超书》载『窦侍中令载杂彩七百匹，市月氏苏和香。』《歌词二首之二》中『中有郁金苏合香。』苏合香即是产自非洲，印度及土耳其等地的一种名贵香料。《梁书》曰：『中天竺国出苏合，是诸香汁煎之，非自然一物也。』苏合香(Liquidambar orientalis)为金缕梅科乔木苏合香树的树干渗出的树脂，经加工精制而成。主要产于非洲、印度、叙利亚、索马里、土耳其及波斯湾附近各国等地区。我国不产苏合香，但其应用的历史非常悠久。苏合香气芳香，具有通窍辟秽，开郁豁痰之功效。

《史记·货殖列传》载：『番禺（今广州市）亦其一都会也。珠玑，犀，玳瑁，果布之凑。』果布即梵语 karpura（龙脑香）或马来西亚 kapur（龙脑香）之音译。《一切经音译》作羯布罗，即《史记·货殖列传》所载之果布。《大唐西域记》卷一〇秣罗矩吒国（Malakuta）云：『羯布罗香树，松身异叶，花果斯别，初採既湿，尚未有香，木干之后，修理而析，其中有香，状若云母，色如冰雪，此所谓龙脑香也。』龙脑香科龙脑香属，拉丁名 *D. retusus Blume*，英文名 retuse gurjun，常绿高大乔木。南洋群岛及南印度俱生有此树，我国云南亦有产。其中以洁白成片如冰莹而呈梅花状名梅花脑，亦称冰片脑，乃妙极上品。

《太平广记钞》三名香条目载《独异志》：『汉雍仲子进南海香物，拜为涪阳尉。日南郡有香市，商人交易诸香处。南海郡有香村香户，日南郡有一千亩香林，名香出其中。香洲在朱崖郡洲中，出诸异香，往往不知其名。千年松香闻十里，亦谓之三名香也。』又《三辅黄图》载，元鼎六年拓两广破南越时，汉武帝将蜜香树（即沉香树）引种到长安扶荔宫之事。

沉香，亦作沉水香、蜜香，瑞香科沉香属常绿乔木。拉丁名 *A. sinensis* (Lour.) Gilg，英文名 A quilaria aqallocha. 为我国传统的名贵中药和熏香料，产于南亚，东南亚各国及我国广东、广西、云南、海南等地。《新修本草》等皆著录之。《翻译名义》卷八『阿伽嚧』条云：『或云恶揭鲁，此云沉香。』沉香为我国传统的名贵中药，具有通关开窍，畅通七脉，养身健体的神奇效果。沉香现为联合国濒绝保护植物，亦为我国国家二级保护植物。

熏陆一名乳香，今以乳香名行。《魏略》曰：『大秦出熏陆。』《抱朴子》曰：『俘焚洲在海中，熏陆香之所出。熏陆香木胶也，树有伤穿胶因堕，夷人采之以待估客。』《南方草木状》曰：『熏陆香出大秦，云在海边，自有大树生于沙中，盛夏树胶流出沙上，夷人采取卖于贾人。』乳香今所知橄榄科乳香属，又称卡式乳香树、熏陆香、马尾香、乳头香、塌香、西香、天泽香、摩勒香、多伽罗香、浴香。拉丁名 *B.carteri Birdw*，英文名 frankincense。主要生产于热带沿海山地，分布于红海沿岸至利比亚、苏丹、土耳其等地。药材主要产于红海沿岸的索马里和埃塞俄比亚，销世界各地。

以上所列部分汉代至南北朝所用熏香料均为外来香料，大部分由东南亚进入我国，少量由西域进入我国。由于外来树脂类香料的大量输入，亦推动了熏烧方式的改变。西汉早期以本土所产草本类香料直接焚烧，故炉形多为楚式的多孔扁圆形豆式熏炉为主，而到了西汉中期开始大量出现了炉身较深的博山形熏炉。《玉台新咏》《行路难》二首中有『博山炉中百和香，郁金苏合及都梁……王阶行路生细草，金炉香炭变成灰。』之句。由诗中可知，西汉中期以后流行的博山炉使用的香材为多种香料粉末调制的复合香料，使用方式也已非战汉之间直接焚烧的简单方法，而是使用专门制作的香炭来熏烤香材。

合香，这是香熏史上一个重要突破，由人工调制复合香料来改变自然单一的香味，并且由香炭来熏烤香材从而改善烟气对香味造成的破坏，这些说明此时熏香的发展已走向了蓬勃与成熟。

宋《太平御览》香部一载：『麝本多忌，过分必害；沉实易和，盈斤无伤。灵藿虚燥，詹糖粘湿。甘松苏合，安息郁金，捺和罗之属。并被珍于外国，无取于中土。又枣膏昏钝，甲煎浅俗。非唯无助于馨烈，尤当弥增于有疾也。所言悉以比类朝士：麝本多忌比庾仲文，零藿虚燥比何尚之，詹糖粘湿比沈演之，枣膏昏钝比羊玄保，甲煎浅俗比徐湛之，甘松苏合比惠琳道人，沉实易和以自比也。』。此为南朝范晔所撰和香方序，也是迄今所见最早关于合香方的记载，可惜仅存其序，合香方已佚失。但亦可知最晚到南北朝时期，人们对于香料的合和、香品的性状、香料的产地等已经有了相当的认识。

魏晋南北朝承两汉熏香之盛且有更大的发展。此一时期世人盛行礼佛、道，尚清谈，熏衣剃面、傅粉施朱、佩香囊等为一时世家贵族子弟风气。梁元帝《香炉铭》曰：『苏合气氲，飞烟若云；时浓更薄，乍聚还分；火微难烬，风长易闻；孰云道力，慈悲所熏。』又有佛教经文中描写香严童子因闻香气而悟道，证得罗汉果位，经曰：『香严童子白佛言：见诸比丘，烧沉水香。香气寂然，来入鼻中。我观此气，非木非空，非烟非火，去无所着，来无所从。由是意销，发无明漏。如来印我，得香严号。尘气倏灭，妙香圆密。我从香严，得阿罗汉。』（《大佛顶首楞严经》）从此香之妙用更上一层，闻香成为参禅悟道的一个门径。晋沙门道安更制定了『行香定座法』的诵经行香仪轨，香花供佛又有助修行、安清净、持功德等诸功能。至今以香礼佛之仪盛行于佛教仪轨中。

《玉台新咏》有《咏竹火笼》诗，竹火笼者熏衣竹笼也。《西京杂记》曰：汉制，天子以象牙为火笼。又《繁华应令》诗中有『金屏障翠被（一作「翡翠」），蓝帊覆熏笼』句，亦描写熏笼熏衣也。

熏衣之风初起于汉，《汉宫仪》记载尚书郎有女侍史二人，皆选端正，专司熏衣，谓：『从直女侍执香炉烧熏从入台护衣，奏事明光殿。』湖南长沙马王堆一号墓出土有竹熏罩大小两件（编号大417，小418，大者底径30厘米，上口径10厘米，高21厘米；小者底径19厘米，上口径6.5厘米，高15厘米），竹篾编成大孔眼的穹窿状，外敷上细绢，下可置熏炉。此即汉代文献中的熏衣笼，是汉代熏香文化的珍贵实物资料。

两汉魏晋南北朝对于香料的大量使用以及外来香料的大量输入，大大丰富了此时期用香的发展。皇室贵族、官宦仕人、僧侣、仙道，无不热衷于香。香料的种类及使用范围远大于先秦时期，成为人们生活中不可或缺的一环。近几十年考古发掘出土了大量各种样式的铜质、陶质、青瓷等炉具。浙江、江苏是六朝时期瓷器的主要产区，尤其是浙江的瓷业，在汉代的基础上发展很快，越窑、瓯窑、婺州窑、德清窑、南山窑区等，都是窑场林立，各自发展成为庞大的瓷窑体系。东汉至三国两晋南北朝的陶瓷炉具亦绝大部分出产于此。晋道学大师葛洪于《抱朴子内篇》中写道："『人鼻无不乐香，故流黄郁金，芝兰苏合，玄胆素胶，江离揭车，春蕙秋兰，价同琼瑶，而海上之女，逐酷臭之夫，随之不止。』此可谓两汉魏晋用香的真实写照也。

继隋之后的唐朝，堪称中国历史上之盛世。政治、经济、文化都得到了空前的发展，因此也是中国历史上相当富裕繁荣的一个朝代。然《太平广记》载：隋炀帝一夜焚上等珍贵沉香二百余车，甲香二百石，香闻数十里。连中国历史上开贞观盛世的大帝，唐太宗都不免心服其盛也。

唐代不仅皇室用香量极大，贵族、官贵、富户平时用香量亦是惊人。《明皇杂录》载有：唐玄宗皇宫中亦建有沉香亭阁，檀香为栏杆，以麝香、乳香筛土和为泥饰壁，并于华清池用白香木造船，于池中垒沉香为山。

而天宝年间长安富户王元宝，亦以金银叠为屋，以沉香和檀香木为栏杆。晚上睡觉于床前放两个雕刻的小童子，手中捧着七宝博山炉，彻夜焚香，天明方止。史料的记载仅为唐代用香的点滴，然就此唐人用香之奢亦可见一斑。

唐代用香之盛与唐代的国家财力，『丝绸之路』畅通及与西域诸国大量的贸易有关。《吐鲁番出土文物》载：丝绸之路中西交汇的代表地区之一吐鲁番，其卖药人的香药中记录有乳香、安息香、冰片、苏合香、降真香等，一次出售达 2 963 斤，并由这里转向内地。

唐高宗永徽二年（公元 651 年）阿拉伯国家与唐通使，至唐太宗李世民时设『关市』，扬州、洪昌等地都有商贾足迹，朝廷接朝贡也增加。公元 647 年 ~ 762 年间波斯遣来使就有 28 次之多，外来输入香药有乳香、没药、沉香、木香、砂仁、诃黎勒、芦荟、琥珀、荜拔、苏合香等。南方的越南输入中原的有白老藤、庵摩勒、黎勒、丁香、詹糖香、诃黎勒、白茅香、榈木、白花、沉香、琥珀、真珠、槟榔等。唐贞观十六年（公元 642 年）接纳印度所贡火珠、郁金香、菩提树、龙脑香。随交往中将已传入中国的佛教经书等前后翻译有十一部，其中包括《龙树菩萨和香法》二卷。

文献所载唐人用香之奢令人吃惊，而出土的唐代香具使人信服唐人记载之不虚也。据唐代法门寺地宫出土的《衣物帐》得知地宫中藏有：乳头香山二枚，重三斤；檀香山二枚，重五斤二两；丁香山二枚，重一斤二两；沉香山二枚，重四斤二两。在地宫中还出土了鎏金卧龟莲花纹五足朵带银香炉一件，重三百八十两（今秤 6 408 克）；鎏金双凤纹五足朵带银香炉一件，重8970克，鎏金鸿雁纹壶门座五环银香炉一件，重1305克；壶门高圈足座银香炉一件，重3 920克；鎏金雀鸟纹银香囊一件，重92.2克；鎏金双蜂团花纹镂空银香囊一件，重547克；素面银香炉并碗盏一件，重925克；鎏金人物画香宝子二件，重901.5克；鎏金伎乐纹香宝子二件，重149.5克；如意柄银手炉一件，重415.5克；象首金刚铜香炉一件，重8 470克；调香用具，鎏金金毬路纹调达子一件，重222克；鎏金摩羯纹调达子一件，重148克；素面银香匙一件，重42.25克。

法门寺出土的香料，香具只是唐代宫廷宗教用香的极小部分实物，但已经引起了全世界考古界、佛教界、香学界的轰动，为现今研究唐代香学的重要实物资料。唐代《杜阳杂编》载：『上崇奉释氏，每春百品香，和银粉以涂佛室。新罗国献万佛山，可高一丈。万佛山则用雕沉檀珠玉以成之。』试想唐时宫中所置香山比之法门寺所出土香山则更惊人。

唐—五代时皇室贵族间还流行斗香，《清异录》中载：『中宗朝，宗纪韦武间为雅会，各携名香，比试优劣，名曰斗香。惟韦温挟椒涂所赐，常获魁。』在日常雅玩中香还与插花相结合，南唐韩熙载有五宜之说：『对花焚香有风味，相其妙不可言者。木犀宜龙脑，酥醾宜沉水，兰宜四绝，含笑宜麝，薝蔔宜檀。』由于贵族阶层对于香料的热衷，香药商因此致富。长安香药商宋清，以买卖香药致富。经常以自配的香剂送给朝廷中的大臣，香的包装上写的是『三匀煎』，据说焚之有富贵清妙之效。其配方为『龙脑，麝香末，精选的上等沉香，三味合成』。此方今日来看价值亦是极惊人的。

唐代使用的香料大多为海外所产。长庆四年（公元824年）九月，波斯大商人李苏沙向唐敬宗进献沉香亭子材，李苏沙亦是经营香料贸易的大胡商。西域海外之香料输入我国，同时香料又经我国输往其他国家。日本奈良（公元710～794年）时代文学家真人元开所著《唐大和上东征传》所载，唐代鉴真大和上（公元688～763年）东渡日本弘法时所带香药为：麝香廿脐、沉香、甲香、甘松香、龙脑香、膽唐香、安息香、栈香、零陵香、青木香、熏陆香，都有六百余斤，又有毕钵、诃梨勒、胡椒、阿魏、石蜜、蔗糖等五百余斤，蜂蜜十斛，甘蔗八十束。至今日本的各香道流派均认为唐代鉴真大和上为日本香道的鼻祖。日本奈良东大寺正仓院御物帐中记录了60种古代药物，这其中便有鉴真大和上自中国传入日本的桂心、沉香、青木、毕钵、诃梨勒等香药。

唐—五代用香之盛可谓前无古人矣。五代余杭人罗隐有吟香诗《香》曰：沉水良材食柏珍，博山炉暖玉楼春；怜君亦是无端物，贪坐馨香忘却身。此唐—五代世人嗜香之真实写照也。

在空前的经济基础上，宋代的科学技术，思想学术，文学艺术，近乎每一个文化领域无不迸发出灿烂夺目的创造激情，将这一时期的文化推向了历史的高峰。史学大师陈寅恪有：『吾华古代文化于赵宋而臻于造极』之论。其时精致风雅的精神融于各阶层的生活之中，的确达到了一个相当的高度。

宋代宫庭贵族于各类庆典、祭祀、雅集、宴会、出行等场合与活动无不用香。宫廷中各殿宇用外来异香及宫中自合的香料，时刻熏烧之，贵族、宫人则以特异的名贵香料来凸显身份地位，整个朝野弥漫着雅致奢华的用香风尚。

宫廷中收藏了许多价格昂贵，奇异的外来香料。『宣和间，宫中贵异香，广南笃耨，龙涎，亚悉，金颜，雪香，褐香，软香之类。』当时宫廷还用名贵的香料制作了香药蜡烛。与宫廷比，一些权贵在生活中使用香料也是有过之而无不及。权臣蔡京与同僚雅集时『谕女童使焚香，久之不至，坐客皆窃怪之。已而，报云香满，蔡使卷帘，则见香气自他室而出，霭若云雾，濛濛满坐，几不相睹，而无烟火之烈。即归，衣冠芳馥，数日不歇』。另外，许多贵妇出行也携带香毬，陆游曾写道：『京师承平时，宗室戚里岁时入禁中，妇女上犊车，皆用二小鬟持香毬在旁，而袖中又自持两小香毬。车驰过，香烟如云，数里不绝，尘土皆香。』

官府贵家四司六局，有专门负责香料及用香的香药局，宋《都城纪胜》记载：『香药局，专掌药碟，香球，火箱，香饼，听候索唤，诸般奇香及醒酒汤药之类。排办局，专掌挂画，插花，扫洒，打渲，拭抹，供过之事。凡四司六局人只应惯熟，便省宾主一半力，故常谚曰：烧香点茶，挂画插花，四般闲事，不宜累家。』

『烧香点茶，挂画插花』这四般事，成为宋代贵族、官僚、文人雅士生活中不可或缺的乐趣。

除了皇室、权贵奢侈地焚烧香料外，许多文人雅士、道士、僧侣亦爱香成风。宋赵希鹄在其所著《洞天清禄》中写道：『焚香唯取香清而烟少者，若浓烟扑鼻，大败佳兴。当用水沉，蓬莱，忌用龙涎，笃耨，凡儿女态者。』此论影响甚远，明清以来甚至日本之香书莫不转影奉为圭臬也。宋丁晋公在《天香传》中认为海南沉香最佳，其味清、润、绵长。此论亦得后世香家肯定，并成为评定沉香的准则。当代中华传统香学宗师刘良佑先生于《香学会典》中论及香之优劣谓：『品香以不出烟为上，浓郁清妙即是好香。』此亦宋以来中华传统香学一脉相承也！

宋代所辑之香谱有些仅存书名，而具体内容几经佚失了，今能见全貌者，唯洪刍《香谱》、陈敬《陈氏香谱》、《新纂香谱》、曾慥《香后谱》、叶庭珪《名香谱》等。

洪刍，江西建昌人（1066 ~ 1127），北宋至南宋时期人，官至左谏议大夫。洪刍《香谱》为今所存最早，保存较完整的关于香料、调合香法、香方、香文化史的著作。上下两卷分为香之品、香之异、香之事、香之法四大类别，147条目。

《陈氏香谱》又名《新纂香谱》，同为南宋晚期陈敬所著，陈敬仅知为南宋时期河南人，字子中，其仕履未详。《陈氏香谱》为四卷，二十三类，共计706条目。集宋代11家香谱汇集；修制诸香、印篆、凝和、佩熏、涂傅等香用，所录香方皆为宋代的配方。其中凝和香方为最，计223条，可见宋代和合香方之盛。又其中论述宋代成组的焚香器具，香品器、香饼、香煤、香灰等条目，说明宋代熏香的发展已极为成熟，《陈氏香谱》卷一『焚香』条载：『焚香必于深房曲室，矮桌置炉与人膝平，火上设银叶，或云母置如盘形，以之衬香，香不及火，自然舒慢无烟燥气。』又《楞严经》卷七亦谓『香炉纯烧沉水，无令见火』。此品香之法明清相延，并东传日本至今。而香药、香茶部分则记录了宋代社会用香的广泛。

宋代的香谱反映了宋人创造性的合香调香技术，记录了宋代文人、士大夫的精神与生活的精致雅趣。香药方的普及，香文化的记录，香工具的组合，香料的收藏等，见证了宋代丰富的香文化。

宋辽金元时期的传世及出土香炉具极为丰富，除了为宫廷进贡烧造而最著名的汝窑、两宋官窑、定窑、钧窑、越窑、哥窑等出产香炉具外，景德镇湖田窑、龙泉窑、耀州窑、建窑、吉州窑、磁州窑、介休窑、登封窑、淄博窑、潮州窑、西村窑、泉州窑、同安窑、永福窑、衡山窑等，均烧造大量的香炉、香合、香筋瓶。近年在朝鲜半岛西南角的新安外海打捞出水的元代沉船上发现各窑瓷器20 661件，其中龙泉窑就有一万多件，其他尚有各窑口的白瓷、青白瓷、黑釉瓷、钧瓷、白地黑花瓷等，其中香炉具就占有很大比例。另四川地区宋代窖藏瓷器中香炉具亦多，产地以景德镇窑、龙泉窑为主，炉具式样计有：鬲式炉、刻花鼎式炉、剔刻花鬲式炉、剔刻花奁式炉、八卦兽足炉、簋式炉、鼎式炉、尊式炉、高足炉等。

宋代文人雅士喜好参禅悟道，同时又莫不迷恋着各色芳香，故焚香参禅成为了同道雅集的主要内容之一，留下了许多诗词佳句。

《宝熏》　宋·黄庭坚

（贾天赐惠宝熏，以『兵卫森画戟，燕寝凝清香』十诗报之）

险心游万仞，躁欲生五兵。隐几香一柱，灵台湛空明。
昼食鸟窥台，宴坐日过砌。俗气无因来，烟霏坐舆卫。
石蜜化螺甲，榠樝煮水沉。博山孤烟起，对此作森森。
轮囷香事已，都梁著书画。谁能入吾室，脱汝世俗秽。
贾侯怀六韬，家有十二戟。天资喜文事，如我有香癖。
林花飞片片，香归衔泥燕。闭阁和风春，还寻蔚宗传。
公虚采芹宫，行乐在小寝。香光当发闻，色败不可稔。
床帐夜气馥，衣桁晚香凝。瓦沟鸣急雨，睡鸭照华灯。
稚尾应鞭声，金炉拂太清。班近闻香早，归来学得成。
衣篝丽沉绮，有时乃芬芳。当念真富贵，自熏知见香。

《有惠江南帐中香者戏答六言二首》 宋·黄庭坚

（洪刍《香谱》有江南李主帐中香法，以鹅梨汁蒸沉香用之）

其一：百炼香螺沉水，宝熏近出江南；一穟黄云绕几，深禅想对同参。
其二：螺甲割昆仑耳，香材屑鹧鸪斑；欲语鸣鸠日永，夏帷睡鸭春闲。

《和鲁直韵》 宋·苏轼

四句烧香偈子，随风遍满东南，不是文思所及，且令鼻观先参。
万卷明窗小字，眼花只有斑斓，一柱香烧火冷，半生心老身闲。

《凝斋香》 宋·曾巩

每觉西斋景最美，不知官是古诸侯，一樽风月身无事，千里耕桑岁共秋；
云水洗心鸣好鸟，玉泉清耳漱长流，沉烟细细临黄卷，凝在香烟最上头。

《龙涎香》宋·刘子翚

瘴海骊龙供素沫，蛮村花露浥清滋。微参鼻观犹疑似，全在炉烟未发时。

《焚香》宋·杨庭秀

琢瓷作鼎碧于水，削银为叶轻似纸。不文不武火力均，闭阁下帘风不起。
诗人自炷古龙涎，但令有香不见烟。素馨欲开茉莉折，底处龙涎和檀栈。
平生饱食山林味，不奈此香殊妩媚。呼儿急取蒸木犀，却作书生真富贵。

《焚香》宋·郝伯常

花落深庭日正长，蜂何撩乱燕何忙。匡床不下凝尘满，消尽年光一炷香。

《焚香》宋·陈去非

明窗沿静昼，默坐消诸缘。即将无限意，寓此一炷烟。当时戒定慧，妙供均人天。
我岂不清友，于今心醒然。炉香袅孤碧，云缕霏数千。悠然凌空去，飘渺随风还。
世事有过现，熏性无变迁。应是水中月，波定还自圆。

明代亦是中国古代社会中经济高度发展的时期。农业、手工业、商业均有较大发展。自南宋—元以来建立的基础，东南地区沿海一带的手工业及商业极为发达，成为当时世界上最富庶的地区。在强大的经济支撑下，文人香事在这一时期亦得到了极大的发展，如明万历年间周嘉胄的《香乘》、明万历年间屠隆的《考槃余事》、明隆庆万历年间高濂的《遵生八笺》、明天启崇祯年间文震亨的《长物志》、明隆庆年间编者不详的《墨娥小録香谱》、明景泰年间的《晦斋香谱》、明《猎新香谱》等著述。

《香乘》为明代周嘉胄辑（嘉胄，字江左，扬州人，此书初撰于万历戊午止十三卷，李维桢作序后，自病其疏略，续辑为二十八卷，崇祯辛巳刊成），书中收集明代万历四十六年（1618年）以前有关香学的资料共28卷6册，集汉代至明代，历代香方四百二十余个方。目次如下：

《香乘》成书于《本草纲目》之后，此编殚20多年之功夫。书中涉及香与香料有关的史、録、谱、记、卷、志等文献总结，资料翔实。既有综合性的罗列，又有重点突出的内容，从『颜史』『叶録』『洪谱』凡香品名故以及修合鉴赏所列诸法，旁征博引，具有始末（即注有出处）。古今揉合具有长足可取之处，直至现今有的仍不失其现实的指导意义。为历代香书集大成者。

《香乘》中大篇幅解说了前代医，香诸书极少提及过的天然香料中最珍贵的香料之王——棋楠香。其文谓：『占城奇南出在一山，酋长禁民不得采取，犯者断其手，彼亦自贵重。乌木降香，樵之为薪。』『宾童龙国，亦产奇南香。』

（《星槎胜览》）『奇南香品杂出海上诸山，盖香木枝柯窍露者，木立死而本存者，气性皆温，故为大蚁所穴。蚁食蜜，归而遗渍于香中，岁久渐浸，木受蜜香结而坚润，则香成矣。其香本未死，蜜气未老者，谓之生结，上也。本死香存，蜜气凝于枯根，润若饧片，谓之糖结，次也。其称虎皮结，金丝结者，岁月既浅，木蜜之气尚未融化，木性多而香味少，斯为下耳。有以制带裤，率多凑合，颇若天成，纯全者难得。』『奇南香，降真香为木黑润，奇南香所出产天下皆无，其价甚高。出占城国。』（《华夷续考》）『奇蓝香上古无闻，近入中国，故名字有作奇南，茄蓝，伽南，棋楠等，不一而用，皆无的据。其香有绿结，糖结，蜜结，生结，金丝结，虎皮结，大略以黑绿色，用指掐有油出柔韧者为最，佩之能提气，令不思溺，真者价倍黄金，然绝不可得。倘佩少许，才一登座，满堂馥郁，佩者去后香尤不散。今世所有皆彼酋长禁山之外产者。如广东端溪研，举世给用未尝非端，价等常石，然必宋坑下岩水底，如苏文忠所谓「千夫挽绠，百夫运斤」之所出者，乃为真端溪，可宝也。奇南亦然。』『倘得真奇蓝香者，必须慎护。如作扇坠念珠等用，遇燥风霉湿时，不可出，出数日便藏，防耗香气。藏法用锡匣，内实以本体香末，匣外再套一匣，置少蜜，以蜜滋末，以末养香。香匣方则蜜匣圆，香匣圆则蜜匣方，香匣不用盖，蜜匣以盖总之，斯得藏香三味矣。奇南见水则香气尽散，俗用热水蒸香，大误谬也。』

棋楠香诸香中之最稀有珍贵者也。明代高濂、屠隆、文震亨等诸论香文均赞论有加。然前代却记载不多，仅宋代陈敬所著《新纂香谱》有载，文虽简约，然亦称此香为『盖香中之至宝，其价与金等』。又明田艺蘅所载《留青日札》载严嵩抄家单香药部分：『洪熙宣德古澜水熊胆空青蔷薇共十三罐（盒）。矿砂三百八十五两。朱砂二百五十斤六两。檀沉降速等香二百九十一根，重五千五十八斤十两。奇南香三块。沉香山四座。』以严嵩地位之隆，所藏奇南香亦仅三块，奇南香之珍稀可见也。

除此之外《香乘》也载入了香与早期调香的零星作法与解释，很有哲理。总之《香乘》汇编之书在当时来说具有现实的指导意义，的确为集历代香书之上乘之作。在古为今用，返璞归真，融汇揉合的情况下，《香乘》具有极好的参考价值。

高濂，明万历时浙江钱塘（今浙江杭州）人，字深甫，别号瑞南道人，生卒不详，生平亦无考，明著名文学家、戏曲家。博物家屠隆对高濂评价甚高，称其『家世藏书，博学宏通，鉴裁玄朗』。高濂精诗词戏曲，凡琴棋书画、鉴古收藏、栽花养鱼、导引炼丹、饮馔调养、起居安乐等皆有极精深的研究。今存世著作有南曲《玉簪记》《节孝记》及诗文集《雅尚斋诗草》。《遵生八笺》为其谈论养生长寿之道的著述，全书以遵生为主旨，从八个方面论述和介绍了延年安逸之术，却病强生之方，其内容之全面，资料之丰富，知识之广博，议论之详审，在养生类书籍中实前无古人也。从八笺内容可知本书是一部极有价值的关于医药卫生、行气养生、文物鉴赏、文学艺术、烹饪调理、花卉园艺等综合性著作。

《遵生八笺·燕闲清赏笺》论香之章节，字数虽不算太长，但却是高濂本人的亲身用香经验之论。自唐宋以来，首次全面地将各类香品进行了气质上的分类。其论香曰：『余以今之所尚香品评之：妙高香，生香，檀香，降真香，京线香，香之幽闲者也。兰香，速香，沉香，香之恬雅者也。越邻香，甜香，万春香，黑龙挂香，香之温润者也。黄香饼，芙蓉香，龙涎香，内香饼，香之佳丽者也。玉华香，龙楼香，撒馥兰香，香之蕴藉者也。棋楠香，唵叭香，波律香，香之高尚者也。』并且对于各种不同气味的香适合于不同的场合进行了阐述：『幽闲者，物外高隐，坐语道德，焚之，可以清心悦性。恬雅者，四更残月，兴味萧骚，焚之，可以畅怀舒情。温润者，晴窗拓帖，挥尘闲吟，篝灯夜读，焚以远辟睡魔，谓古伴月可也。佳丽者，红袖在侧，密语谈私，执手拥炉，焚以熏心热意，谓古助情可也。蕴藉者，坐雨闭关，午睡初足，就案学书，啜茗味淡，一炉初热，香霭馥馥撩人，更宜醉筵醒客。高尚者，皓月清宵，冰弦戛指，长啸空楼，苍山极目，未残炉热，香雾隐隐绕帘，又可驱邪避秽。黄暖阁，黑暖阁，官香，纱帽香，俱宜熟之。佛炉聚仙香，百花香，苍术香，河南黑芸香，俱可焚与卧榻。客曰：「诸香，同一焚也，何事多歧？」余曰：「幽趣各有分别，熏燎岂容概施？香僻甄藻，岂君所知？悟入香妙，嗅辨妍媸。」曰：「余同心，当自得之。」一笑而解。』此香论自明代至今凡香家，文人及日本香道宗师等在论香中多有引用，已成为东方香文化意境的代表作。

香料在中国古代最重要的用途之一便是熏焚。这一带有浓厚东方生活情趣的闲雅之事，到了明代确乎已趋登封造极。高濂又在论香中具体论及了明代人焚香的用具。『论香』中的『焚香七要』摘录了明洪武十七子宁献王朱权的《焚香七要》，为中国唐宋以来积累的焚香实际操作过程详解，并且是明代宣德炉真实存在的重要佐证，是学习和了解中国传统熏香文化的珍贵古代资料。

高濂的《香论》，朱权的《焚香七要》不仅对晚明，清代的文人香事产生较大的影响，对于日本『香道』的发展、指导、规范等都起到了极大的影响。日本香道的真正确立成系统是在宽永之末，宽延之初（公元 1748 ～公元 1751），而日本享保十八年（1733年）杳熏堂刊印的香道典籍《香志》，被日本香道界奉为较早期的香道经典，然查其内容，绝大部分皆是摘录高濂《遵生八笺》之内容也。据日本宫内厅书陵部藏《舶载书目》第九册载：日本中御门天皇正德二年（1712年），卯五十一号中国船载来书籍93箱，其中便有高濂所著的《遵生八笺》八卷八册。此书流布日本距中国出版仅几十年，而20年后日本香道典籍《香志》便出现了。可见高濂之《遵生八笺》对日本香道影响之大。

「论香」中所集香方并不多，仅录其认为适用者八方，且说明「制合之法，贵得精料」。此乃真知香者言也。另于「起居安乐笺」中收录香方三方，香烛方二方。「香都总匣」一节论述装置焚香用具之提匣。古人爱香，行住不离。出行须携带香匣以便随时焚香以惬心赏，古人风雅若此欤。

《遵生八笺·起居安乐笺》中录有明代焚篆香用的香印四具。篆香即焚烧香末的一种熏香法。唐时即有，然清代以前香印图今仅见高濂书中有载。故亦是极珍贵的篆香资料，并附香方一则：「沉速四两，黄檀四两，降香四两，木香四两，丁香六两，乳香四两，检芸香六两，官桂八两，甘松八两，三奈八两，姜黄六两，玄参六两，丹皮六两，丁皮六两，辛夷花六两，大黄八两，藁本八两，独活八两，藿香八两，茅香八两，白芷六两，荔枝壳八两，马蹄香八两，铁面马牙香一斤，淮产末香一斤，入炒硝一钱，由此二物引火，且焚无断灭之患。大小相印四具，图附如后。」此香方配伍较为复杂，原本为内府旧方，高濂加以调整，为其日常所用之方。方中后二味，「淮产末香，炒硝」为引火之物，使香末在焚烧时不会断灭。

屠隆，明代杰出文学家、戏剧家、书画家和哲学家，浙江宁波鄞县人。据《甬上屠氏宗谱》记载，他原名「儱」，后更名「隆」，字长卿，纬真，号赤水，又号「弢光道人」。晚年自号「鸿苞居士」，生于嘉靖二十二年（1543年）六月十五日，卒于万历三十三年（1605年）八月二十五日，享年63岁。他秉性放达，才华出众，被族人屠大山誉为「苍龙入梦」的奇才，又被邑人张时彻所极力推崇，早年就在文坛享有盛名。万历五年（1577年）中进士，曾任颖上知县和青浦县令，政绩卓著，旋晋升为礼部仪制清吏司主事。屠隆在青浦任期间，公余之暇，常约请吴越名士同游「九峰」「三泖」，自称为「仙令」，人们则称他为「风流令尹」。屠隆一生著述甚丰，有四十二部之多，涉及诗词、宗教、哲学、戏曲、政治、差论、文人雅玩等。清代嘉定史学家，汉学家大儒钱大昕先生赞曰：「屠长卿先生以诗文雄隆，万间，在弇洲四十子之列，虽宦途不达而名重海内。晚年优游林泉，文洒自娱，萧然无世俗之思。」

《考槃余事》为屠隆所著关于闲情逸致、文人雅玩的书籍，书中评书论画、涤砚修琴、相鹤观鱼、焚香试茗、几案之珍、巾舄之制，靡不曲尽其妙。《考槃余事》卷三香笺，为专论熏香的章节，其「论香」一文与高濂《遵生八笺》「论香」大同小异，然亦堪称后世香论经典，此论出则熏香之用尽善矣！原文如下：「香之为用，其利最溥。物外高隐，坐语道德，焚之可以清心悦神。四更残月，兴味萧骚，焚之可以畅怀舒啸。晴窗拓帖，挥尘闲吟，篝灯夜读，焚之可以远辟睡魔，谓古伴月可也。红袖在侧，密语谈私，执手拥炉，焚以熏心热意，谓古助情可也。坐雨闭窗，午睡初足，就案学书，啜茗味淡，一炉初热，香霭馥馥撩人。更宜醉筵醒客。皓月清宵，冰弦戛指，长啸空楼，苍山极目，未残炉热，香雾隐隐绕帘。又可驱邪避秽，随其所适，无施不可。品气最优者，伽南止矣。第购之甚艰，非山家所能卒办。其次莫若沉香。沉有三等：上者气太厚，而反嫌于辣；下者质太枯，而又涉于烟；惟中者约六七分一两，最滋润而幽甜，可称妙品。煮茗之余，即乘茶炉火便，取入香鼎，徐而热之，当斯会心景界，俨居太清宫与上真游，不复知有人世矣。噫，快哉！」

因明代文人香事的普及，故明代炉具亦甚为繁盛，炉具材质有：瓷、金、银、铜、锡、玉、水晶、玛瑙、竹木、掐丝珐琅等。均制作精良。瓷器炉具窑口以景德镇为主，青花、五彩、斗彩、黄绿彩、釉里红、单色釉、仿宋官窑、仿哥窑、琉璃釉等其中永宣，成化之佳器一炉难得，珍若拱璧。其他窑口有：福建德化窑、宜兴紫砂窑、山西法华窑等。皆争奇斗艳，精彩纷呈。明代铜炉亦技超前代，宣德炉为当代及后代所珍，然真伪难辨。有《宣德鼎彝谱》《宣德彝器图谱》等专著传世，明代高濂于《遵生八笺》中亦有「论宣铜倭铜炉瓶器皿」专论。另，潘炉、姜炉、汤子祥炉、蔡文甫炉、徐守素炉、胡文明炉、石叟炉、甘文堂炉、张鸣岐炉、王凤江炉等皆当时制炉具名家，香家得之为宝物也。

竹雕香熏为明代首创，始于明代中期，以上海嘉定派竹雕为最佳，其中以嘉定朱鹤、朱缨、朱稚征祖孙三代为代表，皆竹雕大家，所制气韵非凡，无不精妙。另金陵濮仲谦、嘉定张应尧、嘉定李流芳、嘉定潘之玮、浙江严望云、嘉定沈兼、嘉定沈汉川、嘉定沈大生等亦一时名家。今皆一器难求矣。

香事一学于宋明间达于盛而入清后则渐入衰微，清代二百七十六年并无一部香学专著，明末清初广东岭南三大家，学者诗人屈大均（1630~1696）于所著《广东新语》卷二十六香语中论海南香、莞香、棋楠香极完备，论及沉香之生长、采收、优劣、交易、辨伪、收藏等皆亲身经历，真知灼见。为前代所无也。另清初冒襄于其所著《影梅庵忆语》中有较大篇幅论述其与爱姬『静坐香阁，细品名香』的熏香心得，然此亦为晚明风雅之遗绪耳。

清乾隆三十三年钱塘赵学敏所著《本草纲目拾遗》卷六伽楠条，于棋楠香之考证记载甚为详备，为辨别棋楠香真伪的重要古代文献。

清宫用香主要也是以沉香、檀香等为主，日常用于各宫殿的熏烧以及礼佛祭祀之用。香料多由两广、福建省采办进贡，数量亦不算小，动则进沉香十石、二十石的。今北京故宫博物院、台北故宫博物院、承德避暑山庄等均藏有许多清宫遗留的沉香、檀香原料，还有花露水及合香的各色香丸、线香、合香佛珠、合香别子，及用伽楠香、沉香、檀香制成的各种如意、朝珠、十八子手珠、佛像、山子、插屏、笔山、扇子、暖手、酒杯、般指、斋戒牌、手镯、扇坠、带头、别子、各式摆件等。更有甚者，北京清代皇家寺庙雍和宫有用整根数十米长的白檀木雕弥勒佛，真前无古人也。

满清宫廷因信仰藏传佛教，故宫内礼佛洒净亦多用藏香。《华严经》中记载，人间有种名为象藏的香，是因为龙族的互相争斗而生。若有人焚烧这种藏香丸，虚空中便会升起大香云，在七日内降下细香雨。如果有人沾到这些香雨，身体就会变成金色。如果衣服、宫殿、楼阁沾到，也会变成金色。嗅到这种香味的众生，七天七夜都会欢喜不已，身心快乐。传说这种香就是藏香，一种产自雪域高原的神奇香料。

藏香是西藏的特产，也是西藏三种主要的手工业产品之一。藏香非一般单一型香品，而是将藏红花、雪莲花、麝香、藏寇、红景天、藏柏、琥珀、藏当归、丁香、冰片、檀香木、沉香、甘松等数十余种名贵香料及药材手工制作而成，藏香不仅具有香料的熏香特质，而且还具有一定的药用价值。

藏香经过元明两代藏传佛教在汉地的传布，逐渐成为重要的香品之一，特别是在宗教活动中得到普遍应用。清代，随着对西藏管理的加强，皇家与西藏佛教高层的关系日益密切，紫禁城内宫殿，居室需用藏香驱秽安神，皇帝大婚需用藏香熏轿舆，皇帝日常礼佛，请神，祭祖用藏香。除了宫庭内大量使用外，清代皇帝还会将藏香赏赐给后妃臣属等，故藏香在清代声誉日盛。

《清稗类钞》中记载：『藏香出西藏，甚珍贵。雍正时，杭州周亦孝廉自日下归，以乌思藏香一枝赠丁敬身布衣敬，其色绀紫，出以示人，观者皆叹为得未曾有。月腊之八八，灵隐敬醮佛前，四方戒众，圆成菩萨，戒寺中饭千僧，流连法喜，暮始抵家，拥炉雨作，狰洒不止。敬身念是日以是香而作佛事，非宿缘其能之乎，乃涤研染毫，为做短歌……』藏香在当时的珍贵由此可见一斑。

清代文人雅士的玩香已不盛，一般以香料制成的线香焚之，大多已不会自己动手调合香料，而用小炉隔火片熏烤沉香片的用香方式亦只存于江南、两广等地。在晚清却突然流行起一种熏烧末香的组合炉具——芸香炉。芸香炉又称篆香炉或印香炉，这些组合式印香炉为南通丁月湖先生所首创。丁月湖，清代晚期江苏南通石港场人，生于1829年，卒于1879年，曾在海外游幕多年，能书能画。回来之后，嫌旧芸香炉形质粗陋，因而经常凝想新的炉样和镂空花纹篆字。每一设计成功，便绘制图样，并授意金工，监同制造。先后所设计的计有百种，各个不同。炉样与镂空花纹篆字后来辑印为《印香图谱》一册，或称《香印篆册》，一称《印香炉式图》。书经始于1878年，刻成于1880年或略后。卷首有刘瑞芬徐琪等多人的序文及题词，内容炉式立体图一，各式炉盖平面图九十七，各式印香篆模平面图四十四，共计炉式有九十七种，为图一百四十二种。

芸香炉的用处，在于供焚芸香，属于书斋文房的一种有艺术性的清玩雅致用具，所以要变化简单方盒或圆奁形式，有古琴式、瓜蝶式、覆斗式等，多种多样。古人把读书的书房称为『芸窗』就和它有关，芸香是可以僻除书中蠹虫的。合成芸香炉的五或六个部分，一律铜质（外观大都为白铜镶嵌红铜），各有作用。炉身分三层的，常是上下层浅而中层特深，其比例因适合整个形体而不一致。一般中层作储存末香料屑用；下层安放平板，板有把一或两个，以便于取出。另有一个锹形短柄的小匙，一个略近三角形的香铲，也附置在这里。上层常安放印香篆模，模作平盘形，底板镂空作绵延连贯的阴文香篆。模盘概与炉身同一形式，惟面积略小，以能够将盘体容纳进炉身内部为适度。平板也与模盘同式而面积又略小。如炉身仅有两层，则模盘、平板、匙与刮刀都安置一处。丁月湖先生所制印香炉的炉盖大都极为雅致。解放后南通博物苑征集到原丁氏家传如意形印香炉一具，其盖上为镂空篆字铭『读易一卷，弹琴一曲，坐久心清，快然自足』。又曾见一丁月湖所制琴式炉，其盖上纹饰为镂空雕刻篆书东坡诗『但闻琴中音，何劳弦上声』句，甚佳。古琴炉，东坡诗，香云袅袅，雅乎哉！据传丁月湖先生尚有自用印香方，闻今南通博物院存有其一印香方。烧芸香的准备过程是：先行准备用具，并把原有香灰压平压实。次即将篆模安放在压实的香灰之上，然后用锹匙把芸香屑平铺在篆模内部达到适当厚度，即用平板压实，并将刮刀刮去镂空香篆文以外的香屑，然后提起模盘，即成为绵延连贯的香篆，如图式成为阳文，分明地堆在炉上层里。焚香者用火点着香的一头，或始末两头，把炉盖盖上，芸香的烟气，便从盖上镂空花纹或文字里袅袅而出。芬芳的气味，散播在空中，使室中人嗅到怡情的香气，同时起到保护藏书的效果。炉底均有『江苏南通月湖仿古王东林造』小楷十二字底款。民国以来各地多有仿制，材质有白铜、红铜、黄铜、锡、铜胎珐琅等，以广东潮州、福建、浙江、北京为主。丁月湖先生所制真品现已珍逾宣铜而难得一见了。此亦是古代香事的最后风雅了。

中国数千年灿烂的熏香文化，由简而繁，由滥觞于上古商周祭祀，战汉魏晋熏衣燎室，隋唐礼佛熏制，至两宋元明文人香事习静参悟等各种用途。自先秦两汉以来留下了大量的香学文化遗产，是一座巨大的香文化宝库，需要我们后人来研究学习并发扬光大。中国人在闲暇中品香、吃茶、抚琴、吹箫、挥毫、吟诗等所获取的那种乐趣，或称之为闲情逸致。它们构成了中国人优雅文明的历史，是中华民族生活的睿智。在现今世界追逐功利的繁忙与紧张的压力下，通过恬静闲雅的传统香事可得到生活的乐趣与愉悦。闻一多先生喜欢焚香默坐，认为那是东方人特有的一种妙趣，他特别欣赏陆游的两句诗『欲知白日飞升法，尽在焚香听雨中』。中华的传统文化基因毕竟留存在每一位华夏子孙的血脉中，愿诸香友悟入香妙，馨香永续！

癸巳年孟冬　吴清

于清禄书院香室

香炉

战国

汉

晋

南朝

唐宋

元

明

清

当代

香炉为香事中的主体，自战汉以来由所用香料不同及使用场所不同而有所异。魏晋两汉之时多以中国本地所产草本香料为主，故以体积大，盖上出烟孔亦大的博山形炉为主，隋唐时随着海外树脂类香料成为香事用香料的主体，外观上亦逐渐脱离了战汉以来的博山炉形式，多以熏炉成为主体，同时亦出现了因佛教传播而流行的长柄斗形持炉。宋代用香极为普及，都市中香铺林立，集市中亦有执焚香用品的售卖者，炉具更是样式极多，除了延用汉唐以来的传统样式外，各地窑口竞出新样，如宋代蒋新《陶记》所载就有炉形『曰猊，曰鼎，曰彝，曰鬲，曰朝天，曰象腿，曰香奁，曰桶子』等多种样式，现今传世及窑址，沉船，墓葬出土的宋代香炉数以万计，其中尤以龙泉窑，景德镇湖田窑等为巨。

品香用炉通常较小，明代宁献王朱权于《焚香七要》中所言：『炉以宣德，潘铜，彝炉，乳炉，如茶杯式大者，为适用也。』此时品香所用之香料通常为极小块的沉香或棋楠香等，且常持炉于鼻端品闻，故大炉不宜也。明代高濂《遵生八笺·燕闲清赏笺》论宣德倭铜炉瓶器皿条亦曰：『亦有中样鼎炉，兽面脚桶炉，止可清供，不堪焚香手玩。』并于『香论』条中有『炉如茶杯式大者，终日可用』，与朱权的论述相同。北宋时期的品香炉以高足杯式炉、三足鼓形炉、圈足直筒炉、小型的乳足鬲式炉等瓷质炉型为主，偶有以铜炉为品香炉者，终因传热过快、炉体份量重，且手执炉后会留有铜味等原因，不为静室品香所用。

在晚明文人雅士追求闲情雅趣，寄情书画文玩的推动下，静室品香已成为许多文人的雅好，小巧雅致的品香瓷炉成为静室中的必备雅玩，福建的德化窑、漳州窑，江西景德镇窑生产的各种品香炉成为香事中的主角，并影响了日本的品香文化，至今正规的日本香道仍以流行于晚明清初的直筒形小瓷炉为用。

西周

西周晚期 弦纹三足圆铜鼎

（明代改为鼎式炉，配水晶狮子钮红木盖，底）

战国

战国 璇玑纹活环链双龙提手三足铜吊炉

尺寸：高20厘米

三一一三〇

汉

汉 铜行炉

尺寸：长24.5厘米

汉

汉 铜云气仙山纹博山炉

尺寸：长10.5厘米，高11厘米，宽10.5厘米

汉

汉 铜行炉

尺寸：长13.5厘米，宽9厘米，高7.8厘米

汉

汉 铜云气纹活环链博山炉

尺寸：直径 11 厘米，高 20 厘米

晋

晋 越窑黄褐釉香熏

尺寸：直径 17厘米，高 18.5厘米

南朝

南朝 青瓷莲花形博山炉

尺寸：直径 15 厘米，高 13.8 厘米

唐—宋

唐—五代 白釉宽沿高足炉

尺寸：直径一一厘米

唐—宋

唐 铜卐字涡纹盖方形盘式熏炉

（底铭篆书『宝』）

尺寸：长7.6厘米，高3.5厘米，宽7.6厘米

唐—宋

唐—五代 铜莲花形持炉

尺寸：长18厘米，高22.5厘米

唐—宋

唐—五代 铜宽沿蹴鞠云纹高足炉

尺寸：直径 11.2 厘米，高 11.3 厘米

唐—宋

唐 三彩弦纹三足炉

尺寸：直径16厘米，高10.7厘米

唐—宋

五代—北宋 黑釉宽沿高足炉

尺寸：直径 12.5 厘米

唐—宋

五代—北宋 鱼籽地宝相花纹长柄执炉

尺寸：长 33.5 厘米

唐—宋

北宋 白瓷高足炉

尺寸：直径 11.2厘米，高 12厘米

唐—宋

北宋 耀州窑宽沿五足炉

尺寸：直径9.2厘米，高4.5厘米

唐—宋

南宋 湖田窑鼓钉炉

尺寸：直径9厘米，高8厘米

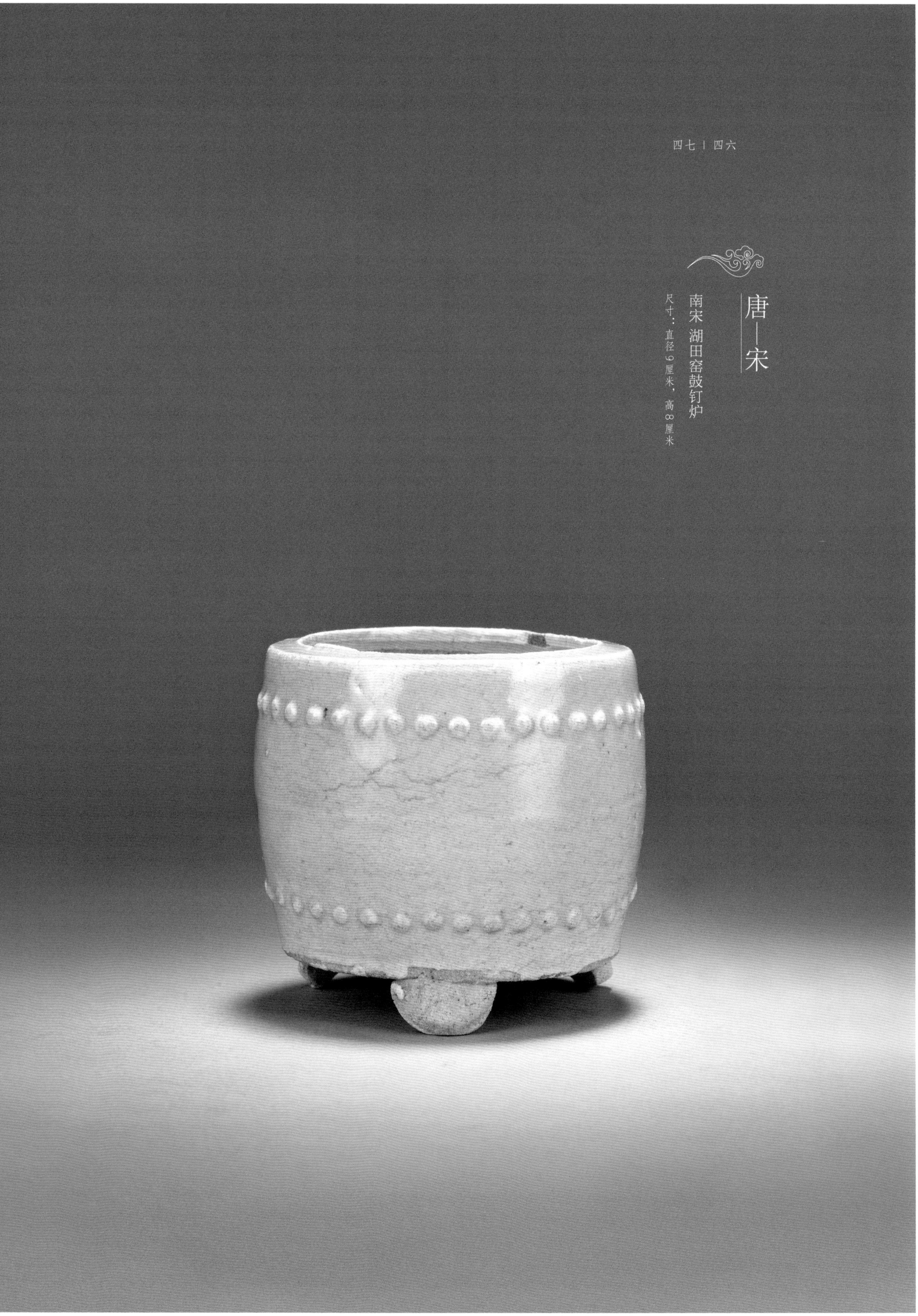

唐—宋

南宋 湖田窑青白瓷凤纹炉

尺寸：长8.8厘米，宽7.8，高8.2厘米

唐—宋

南宋 龙泉窑青瓷琮式炉
尺寸：直径8厘米，高9.5厘米

唐—宋

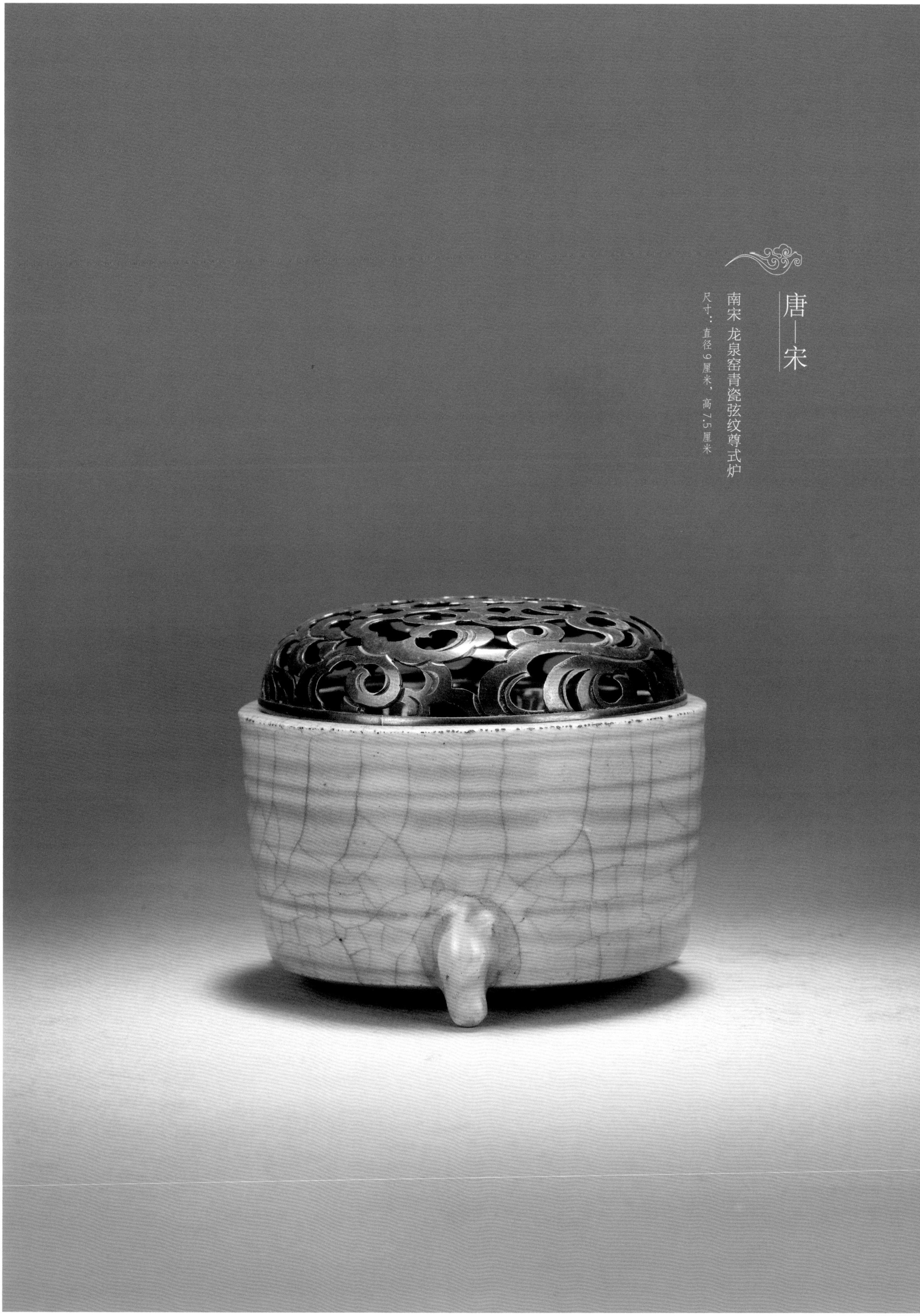

南宋 龙泉窑青瓷弦纹尊式炉
尺寸：直径9厘米，高7.5厘米

唐—宋

宋 铜鎏金莲花形香炉

尺寸：高9.8厘米

唐—宋

南宋 龙泉窑青瓷牡丹纹贴花三足尊式炉

尺寸：直径 13.8 厘米，高 9 厘米

唐—宋

南宋 铜鸳鸯熏

尺寸：高18厘米

唐—宋

南宋—元 铜团花弦纹三足鼎式炉

尺寸：长9厘米，高14.5厘米，宽8厘米

唐—宋

宋 银花鸟纹香球

尺寸：直径 6.3 厘米

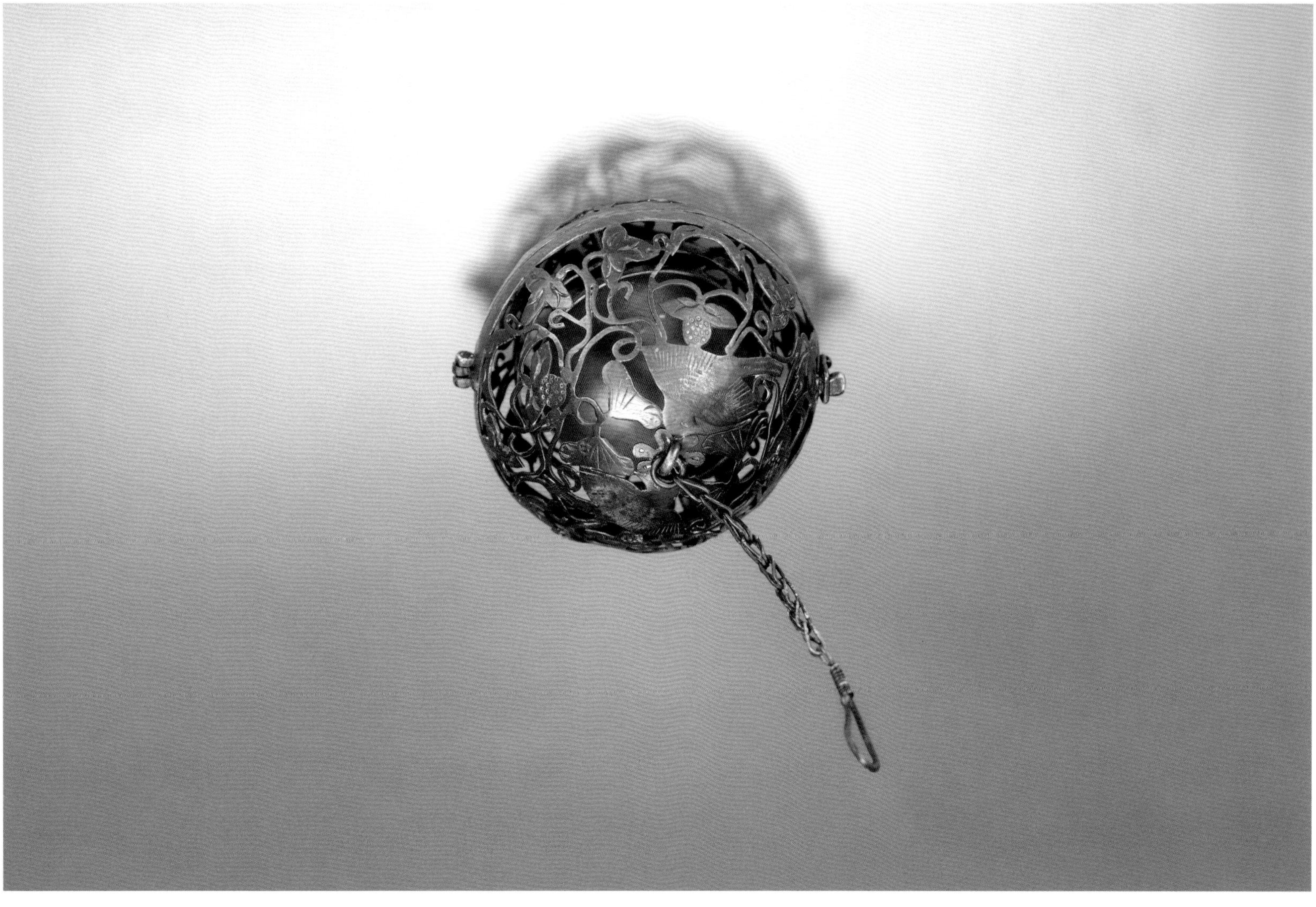

唐—宋

南宋—元 铜出戟鬲式炉

尺寸：直径 12厘米，高 19厘米

唐—宋

南宋—元 陶宽沿三足炉

尺寸：直径 10.2 厘米，高 8.2 厘米

唐—宋

南宋 湖田窑青白瓷点褐釉鼓形如意三足炉

尺寸：直径 13.8厘米，高 8厘米

元

元 铜双螭龙耳簋式炉

尺寸：长24.5厘米，高15.3厘米，宽12.8厘米

元

元末明初 铜错银弦纹立耳三足鼎式铜炉

尺寸：直径6.8厘米，高8厘米

元

元 山西浑源窑铁锈花双耳炉

尺寸：长10厘米，高7.5厘米，宽9厘米

元

元 绿底黄釉龙纹堆塑直耳三足炉

尺寸：长9.3厘米，高8.2厘米，宽9厘米

元

元 黄釉三足鼎式炉

尺寸：长11厘米，高12厘米，宽8.5厘米

元

元 龙泉青瓷鬲式炉
尺寸：直径8厘米

元

元 湖田窑青白釉鼎式炉

尺寸：长10.5厘米，高9.5厘米，宽8.5厘米

元

元 钧瓷香炉

尺寸：直径 10厘米，高 15.8厘米

元

元 铜锦地梅花纹扭绳耳三足炉

尺寸：长14厘米，高7厘米，宽13厘米

明

明初 铜夔龙纹双龙耳狮钮三足炉

尺寸：长21厘米，高30厘米，宽14厘米

明 德化窑白釉尊式炉

尺寸：直径 11.2 厘米，高 8.3 厘米

明

明初 弦纹三足尊式炉

尺寸：直径 10.5厘米，高 6.8厘米米

明

明 铜双鱼耳炉

（底楷书铭『大明宣德年制』）

尺寸：长13厘米，高7.2厘米，宽9.2厘米

明

明 铜阿拉伯文三足香炉

（底铭楷书『大明宣德年制』）

尺寸：直径 14.5厘米，高6.2厘米

明

明 铜狮耳炉

（底铭楷书「大明宣德年制」）

尺寸：长21厘米，高8.3厘米，宽18.5厘米

明

明 铜锦地纹双龙耳炉

尺寸：直径 19.7 厘米，高 7.8 厘米

明

明 铜错银如意云纹『石叟』款三足鼎式炉

尺寸：长8厘米，高16.5厘米，宽7.8厘米

明

明 铜三足鼎式炉

（底楷书铭「大明宣德年制」）

尺寸：直径 7 厘米，高 12.3 厘米

明

明 铜错银饕餮纹三足鼎式炉

尺寸：直径 12 厘米，高 17 厘米

明

明 铜花卉纹龙首三足尊式炉

尺寸：直径 7.7 厘米，高 8.5 厘米

明

明 德化窑夔龙弦纹如意三足香炉

尺寸：直径10.5厘米，高7.7厘米

明

明 铜错金银饕餮纹『石叟』款出戟三足鼎式炉

尺寸：直径8厘米，高12.2厘米

明

明 铁乳足香炉

尺寸：直径 11.5厘米，高 8 厘米

明

明 龙泉窑八卦纹尊式炉

尺寸：直径 10.5厘米，高 9.5厘米

明

明 铜梵文莲蓬钮莲花形炉

尺寸：直径 20 厘米，高 29 厘米

明

明 德化窑白瓷龙耳簋式炉

尺寸：长20厘米，高9.8厘米，宽14.5厘米

明

明 铜鎏金龙鹤山水纹长方形香炉

（底铭篆书『大明永乐年制』）

尺寸：长12.5厘米，高6.8厘米，宽10.8厘米

明

明 青玉兽面纹双龙耳簋式炉

尺寸：长12厘米，高6厘米，宽8厘米

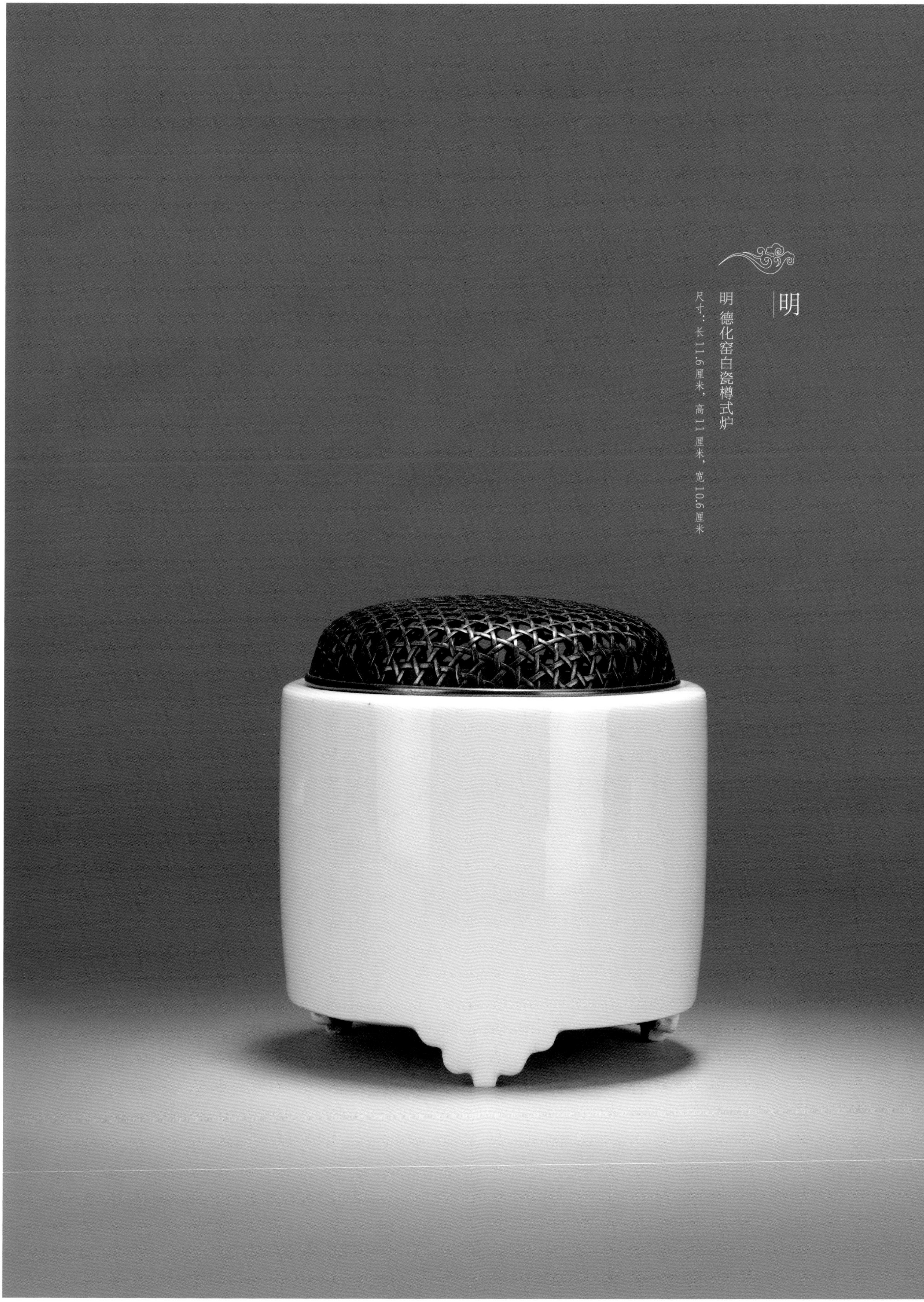

明

明 德化窑白瓷樽式炉

尺寸：长11.6厘米，高11厘米，宽10.6厘米

明

明 铜镶银阿拉伯文炉

尺寸：直径8.8厘米，高6.5厘米

明

明 龙泉窑弦纹三足炉

尺寸：直径11.8厘米，高7.8厘米

明

明 铜鎏金锦地杂宝准提咒纹双龙耳簋式炉

（底铭楷书『大明宣德年制』）

尺寸：长 18.5厘米，高 8.5厘米，宽 13.3厘米

明

明 铜錾刻填金宗喀巴明妃纹双鱼耳香炉

（底铭篆书『积古家藏』）

尺寸：长 11 厘米，高 14.5 厘米，宽 10 厘米

明

明 铜鎏金弦纹一片金狮耳炉

尺寸：长13厘米，高5厘米，宽9厘米

明

明 铜松枝玉兰竹海棠形炉

尺寸：长17厘米，高6.8厘米，宽10厘米

明

明 铜卐字乳钉纹出戟四足方鼎炉

尺寸：长17厘米，高23.8厘米，宽13.5厘米

明

明 铜狮子熏炉

尺寸：高19.5厘米

明

明 龙泉窑青瓷如意纹三足吊脚炉

尺寸：直径 8.1 厘米，高 7.8 厘米

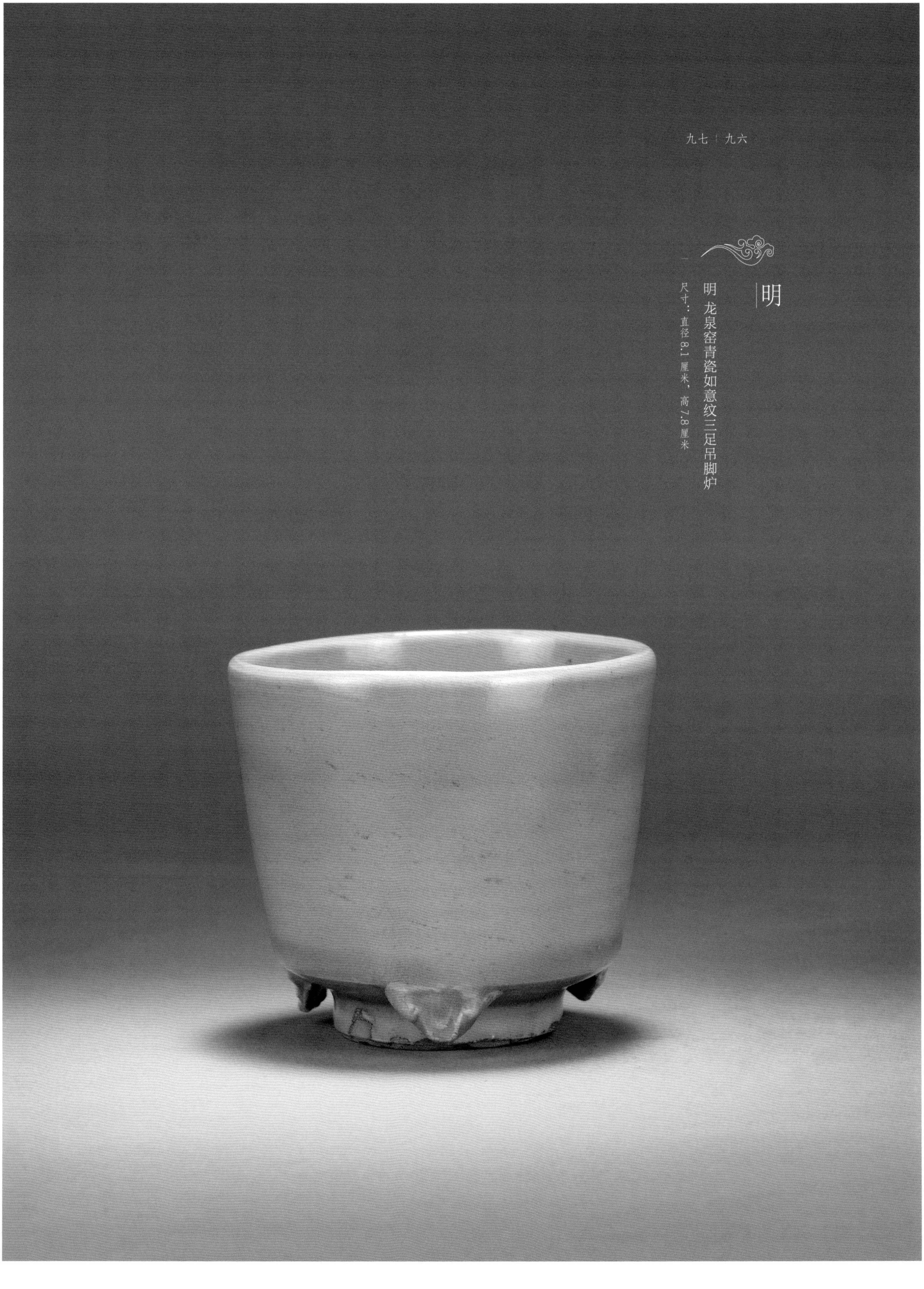

明
明 玉竹节纹璇玑足小炉
尺寸：直径3厘米，高4厘米

明

明 铜用端香熏

尺寸：高 20 厘米

明

明 铜鹅熏

尺寸：高 28.5 厘米

明 景德镇窑紫金釉白花凤纹三足炉

尺寸：直径 19.5 厘米，高 8 厘米

明

明 乍浦窑青瓷划花三足香炉

尺寸：直径 23.5 厘米，高 9.8 厘米

明

明 铜束莲形长柄执炉

尺寸：长43厘米

明

明 木雕杂宝纹线香熏筒

尺寸：直径 3.2 厘米，高 23.5 厘米

明

明 铜西番莲纹双龙耳四足炉

尺寸：连座盖高 24.5 厘米

明

明 青花仙人骑鹤纹狮子钮四足方鼎炉

尺寸：长10.5厘米，高12厘米，宽6厘米

明

明 德化窑夔龙纹三足鼎式炉

尺寸：高15厘米

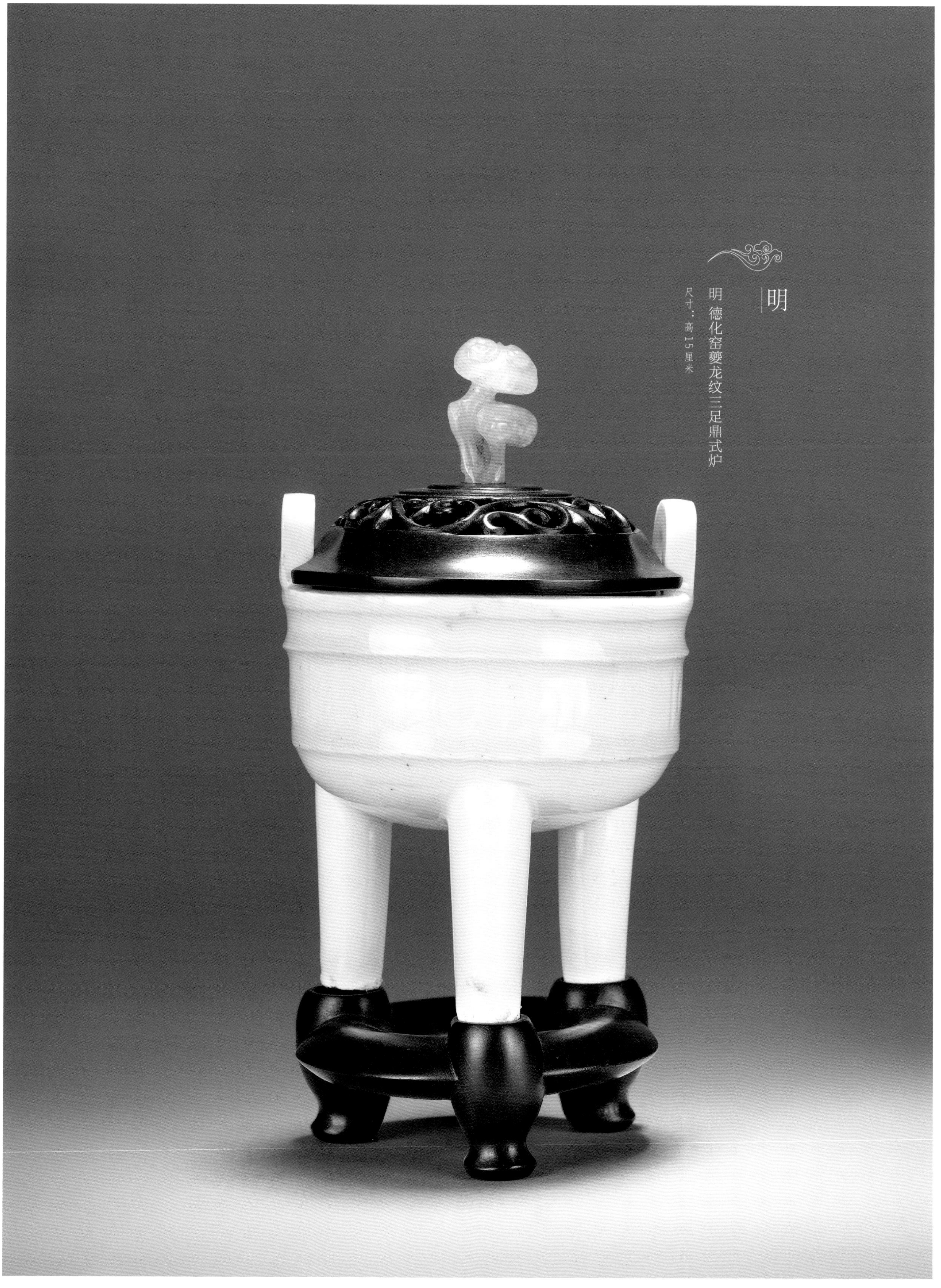

明

明 铜鸭熏

尺寸：高16.5厘米

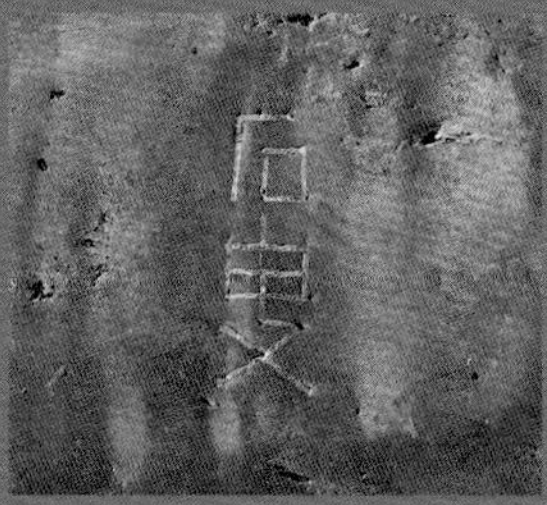

明

明『石叟』款铜错银方炉

尺寸：长9厘米，高10厘米，宽6.5厘米

明

明 竹雕二乔共读香熏

尺寸：直径5厘米，高21厘米

明

明 竹雕教子图香熏

尺寸：直径 5.4 厘米，高 23.5 厘米

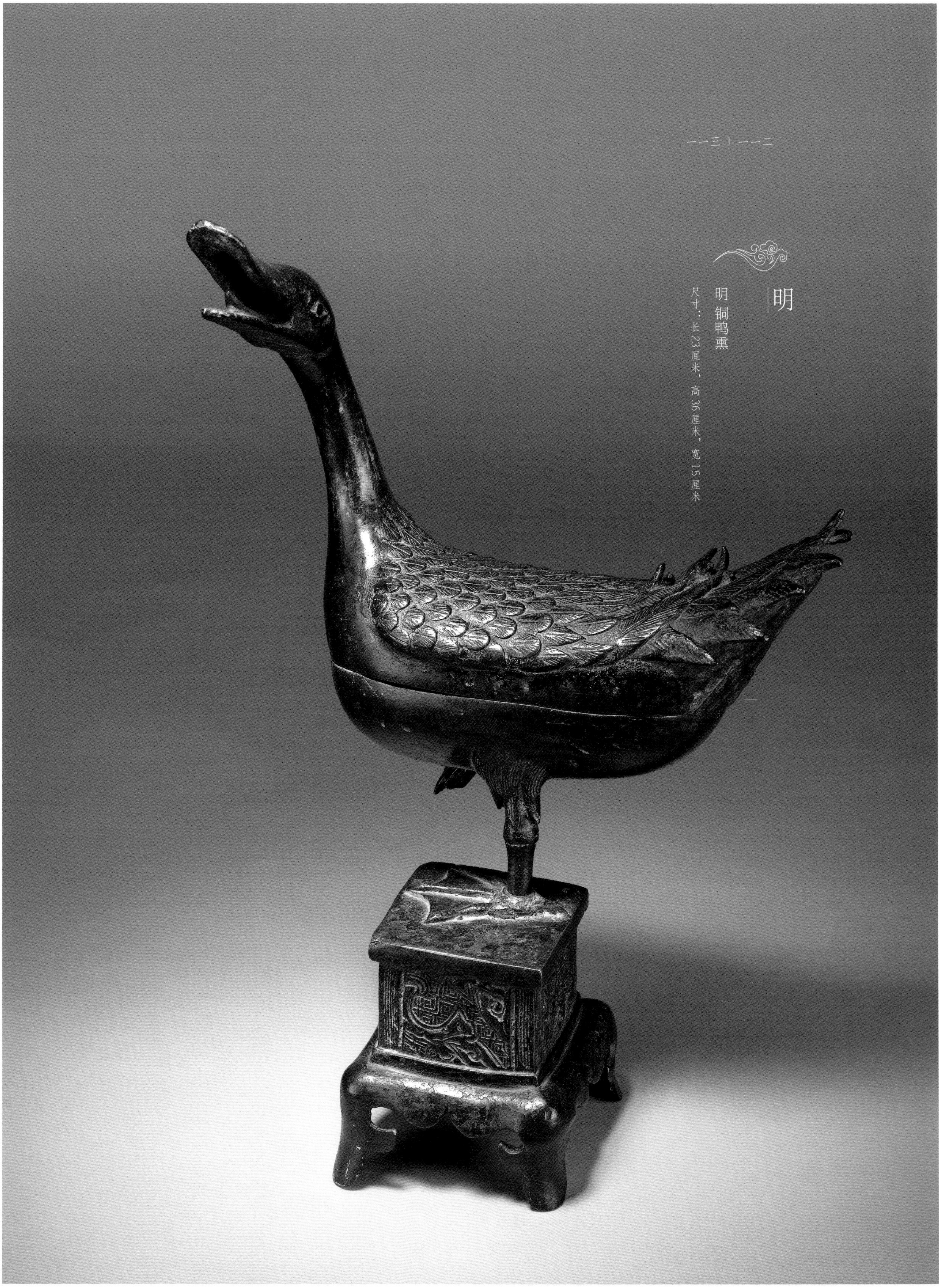

明

明 铜鸭熏

尺寸：长23厘米，高36厘米，宽15厘米

明

明 龙泉青瓷炉

尺寸：直径 12.3 厘米，高 10 厘米

清

清初 仿哥窑直筒炉

尺寸：直径 7.6 厘米，高 7 厘米

明

明末 铜嵌银丝锦地回纹『石叟』款四足出戟方鼎式炉

尺寸：长10.5厘米，高15厘米，宽7.8厘米

清

清 斑铜三足炉

（底铭楷书『大明宣德年制』）

尺寸：直径 11.5厘米，高 4.8厘米

清

清 铜如意纹狮耳璇玑足炉

尺寸：长13厘米，高6.5厘米，宽11.6厘米

清

清 铜双耳马槽炉

（底铭篆书『玉堂清玩』）

尺寸：长12.1厘米，高6厘米，宽7.3厘米

清

清　铜枣红皮炉

尺寸：直径 13 厘米，高 15.6 厘米

清

清初 铜掐丝珐琅鎏金夔龙纹熏炉

尺寸：长4.6厘米，高4.6厘米，宽4.5厘米

清

清 石湾窑松石釉冲天耳炉

尺寸：直径 13.8厘米，高 8.5厘米

清

清 铜博山炉

尺寸：直径16厘米，高15.5厘米

清

清乾隆 水晶饕餮纹活环灵芝耳银仙鹤纹盖炉

尺寸：长8厘米，高6.5厘米，宽6.5厘米

清

清中期 碧玉饕餮纹茯苓君子活环耳簋式炉

尺寸：长 26.5 厘米

清

清中期 竹雕松下婴戏图线香熏筒

尺寸：直径 4.2 厘米，高 21.3 厘米

一二七丨一二六

清

清 仿哥窑直筒炉

尺寸：直径9.8厘米，高10.6厘米

清

清 竹雕二乔共读香熏

尺寸：直径 5.6 厘米，高 19.5 厘米

清

清 水晶活环香炉

尺寸：长 26 厘米，高 11 厘米，宽 17.5 厘米

清

清 白玉小香炉

尺寸：直径 4.4 厘米，高 4.2 厘米

一三一｜一三〇

清

清　铜胎珐琅麒麟香熏一对

尺寸：单个长 10.8 厘米，高 23.5 厘米，宽 21.8 厘米

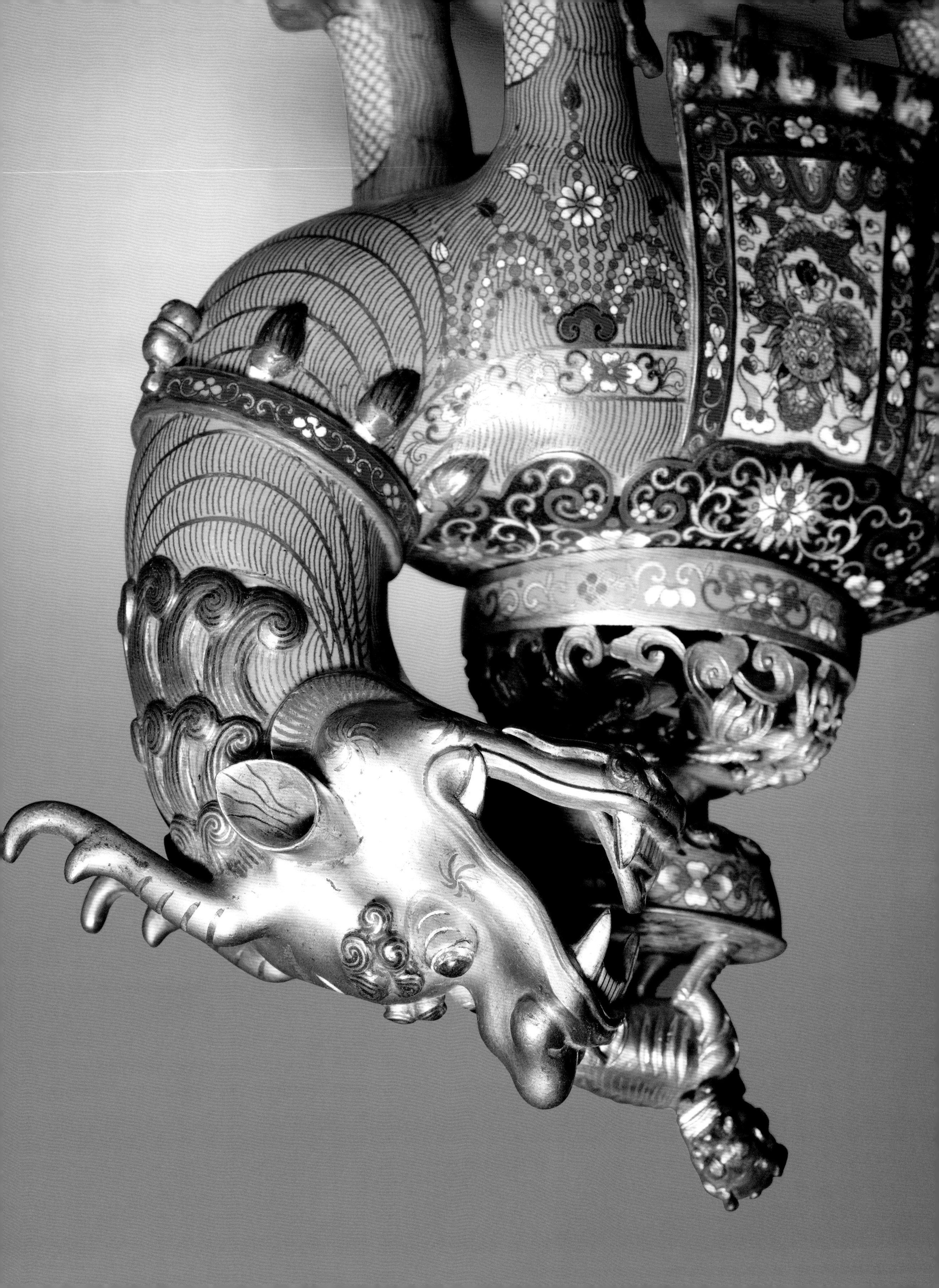

清

晚清 红铜锦地纹盖錾刻渔樵耕读行草文白卧香炉

（底铭『湖北省任乾泰自造赛银』，红铜底座）

尺寸：长 16.5 厘米，高 6.2 厘米，宽 4.5 厘米

清

清末 锡吉祥如意延年益寿纹灵芝耳狮子钮盖狮首三足三层篆香熏炉

（底铭『住汕头潮阳颜义和点铜』，内附香印）

尺寸：长15厘米，高17.8厘米，宽10.2厘米

清

清末 铜刻《醉翁亭记》长方形篆香炉

尺寸：长10厘米，高10厘米，宽6厘米

清

晚清 铜万寿纹盖钟鼎文三层篆香

尺寸：长8.1厘米，高8.3厘米，宽8.1厘米

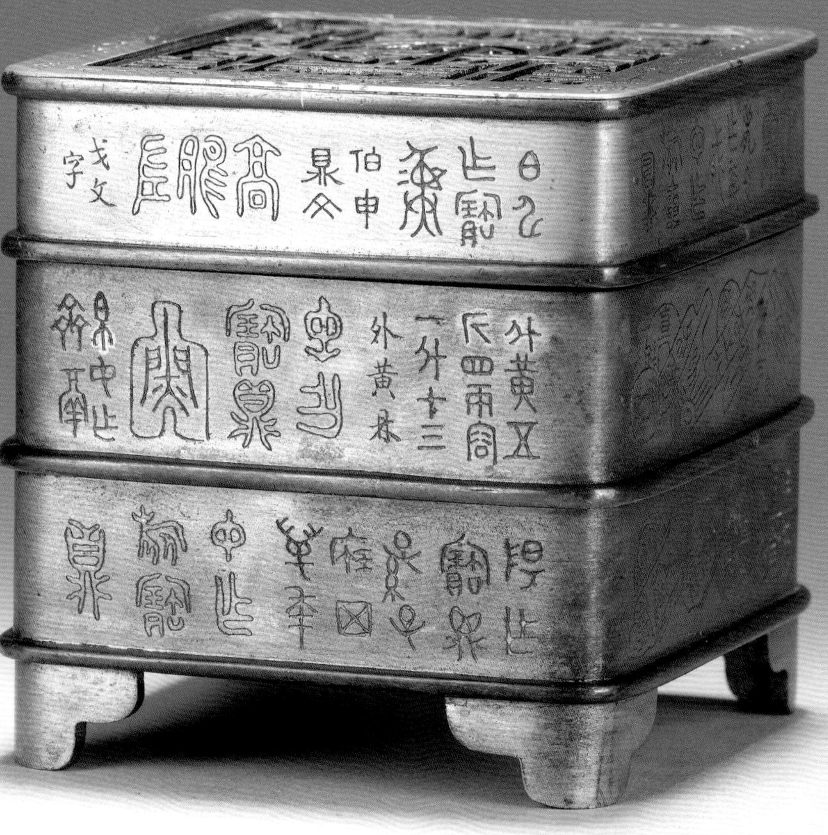

近代

民国 白铜镶红铜边团寿纹三层篆香炉

尺寸：直径9.2厘米，高8.8厘米

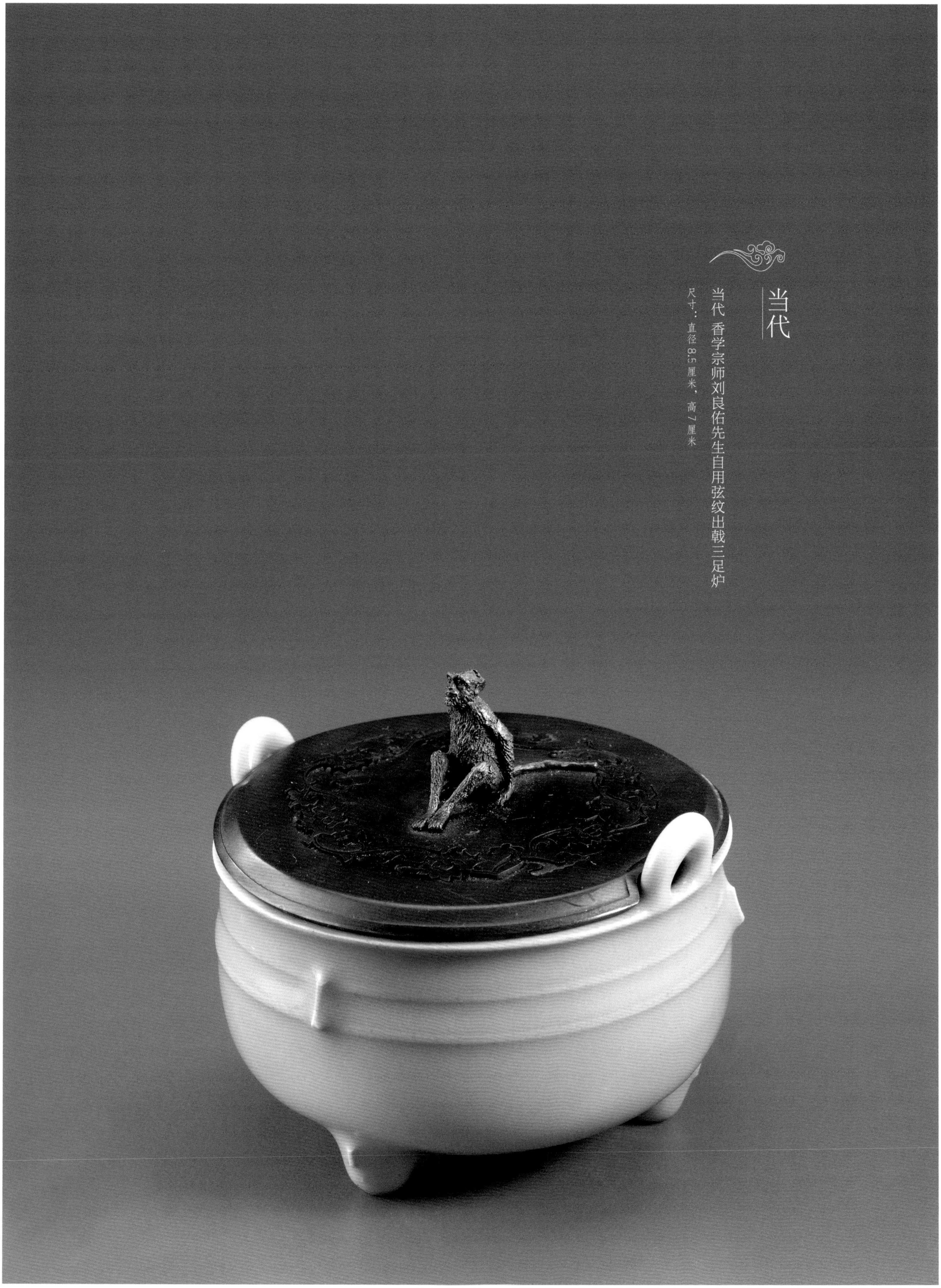

当代

当代 香学宗师刘良佑先生自用弦纹出戟三足炉

尺寸：直径 8.5 厘米，高 7 厘米

香合

唐—五代

宋

元

明

清

香合

香合，又称香盒，是在香事中存放香料的器物，宋代陈敬于《新纂香谱》香品器条曰：「香盛，盛即盒也，其所用之物与炉等，以不生涩，枯燥者皆可，仍不用生铜，铜易腥渍。」可知宋代时香合亦称香盛，且只要无异味能保持温润的材料所制的盒子皆能用。明代宁献王朱权《焚香七要》香盒条载：「香盒，用剔红蔗段锡胎者以盛黄黑香饼，法制香磁盒用定窑或饶窑者以盛芙蓉，万春甜香。倭香合三子五子者用以盛沉速兰香，棋楠等香，外此香撞亦可。若游行，惟倭撞为宜。」

古代香合材质为：陶瓷、雕漆、紫檀、花梨、楠木、竹子、以及玉、石、玛瑙、金、银、铜、锡、牛角、犀角、象牙等。外形以圆，方为多见，亦有多边形及倭角海棠形的，层数以单层合为主，多层较少见。

唐—五代

唐银香合

（内附经卷、香料）

尺寸：直径 4.2 厘米

唐—五代

唐—五代 越窑鹅形香合

尺寸：直径 5.5 厘米

唐—五代

唐—五代 青瓷铁锈斑堆塑蝴蝶纹香合

尺寸：直径6厘米

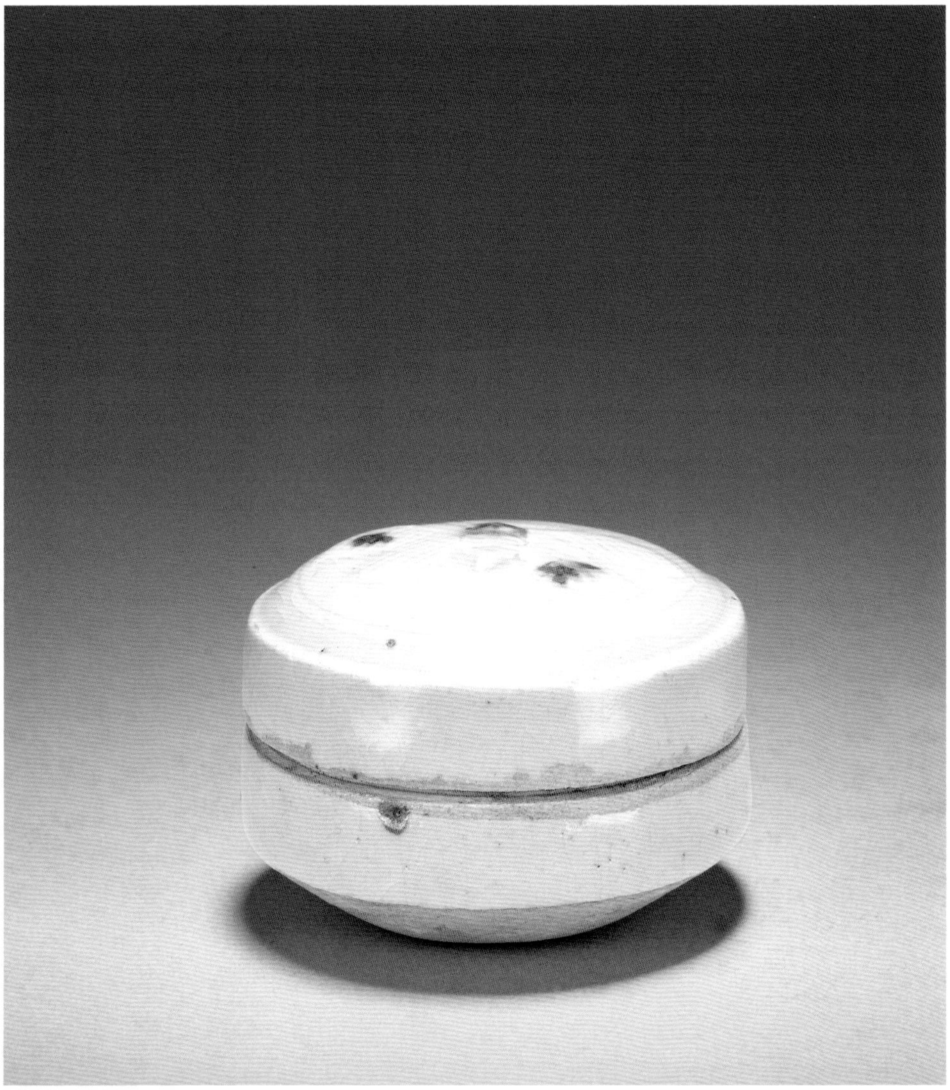

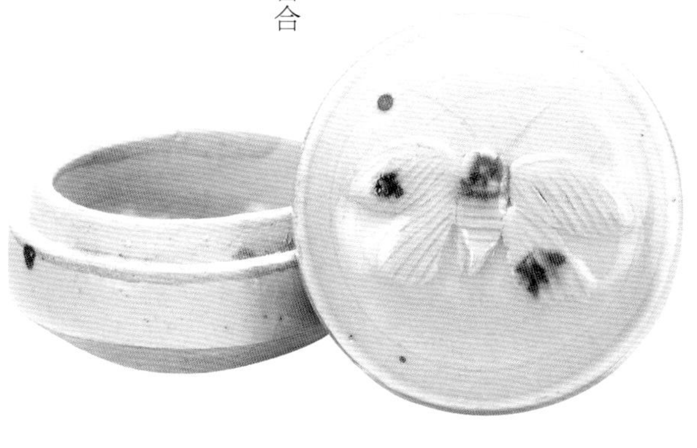

唐—五代

唐 越窑花卉纹青瓷香合

尺寸：直径4.6厘米

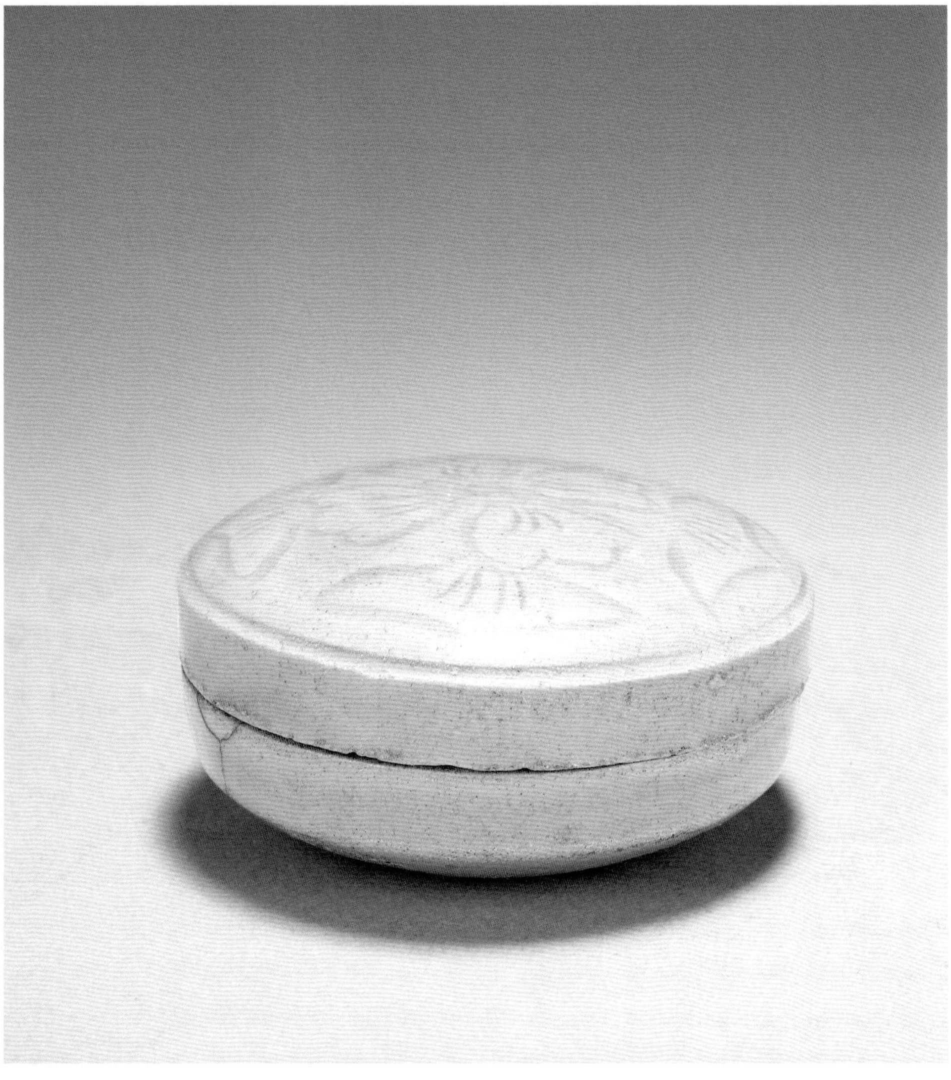

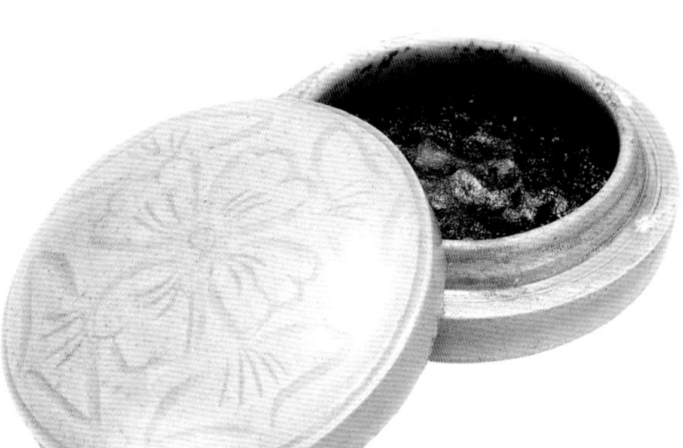

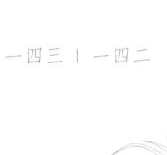

唐—五代

唐—五代 白瓷九曲弦纹香合

（底有墨书画押）

尺寸：直径 4.5 厘米

唐—五代

唐 巩县窑黄釉香合

尺寸：直径 7.7 厘米

唐—五代

唐 石制香合

尺寸：直径 4.5 厘米

唐—五代

唐—五代 巩县窑黑釉香合

尺寸：直径4.6厘米

宋

宋 湖田窑青白瓷双凤纹香合

尺寸：直径9.2厘米

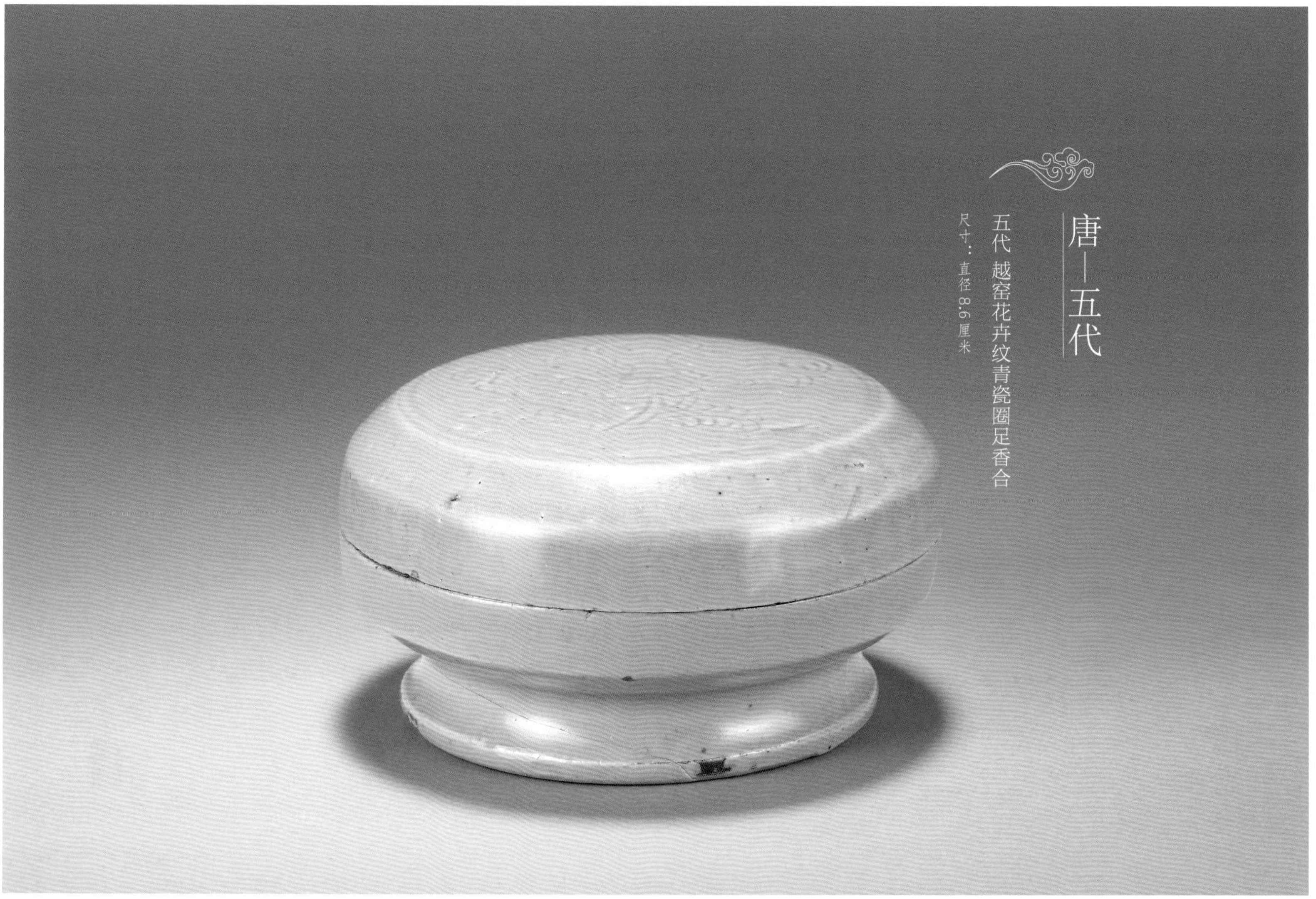

唐—五代

五代 越窑花卉纹青瓷圈足香合

尺寸：直径8.6厘米

宋

北宋 瓷铁锈花香合

尺寸：直径6.9厘米

宋

北宋 耀州窑印花香合

尺寸：直径9.2厘米，高5.5厘米

宋

宋 湖田窑青白瓷堆塑花卉纹香合

尺寸：直径 8.2 厘米，高 6.5 厘米

宋

宋 湖田窑青白瓷牡丹纹香合

尺寸：直径 8.3 厘米

宋

宋 湖田窑青白瓷菊瓣纹香合

尺寸：直径 6.6 厘米

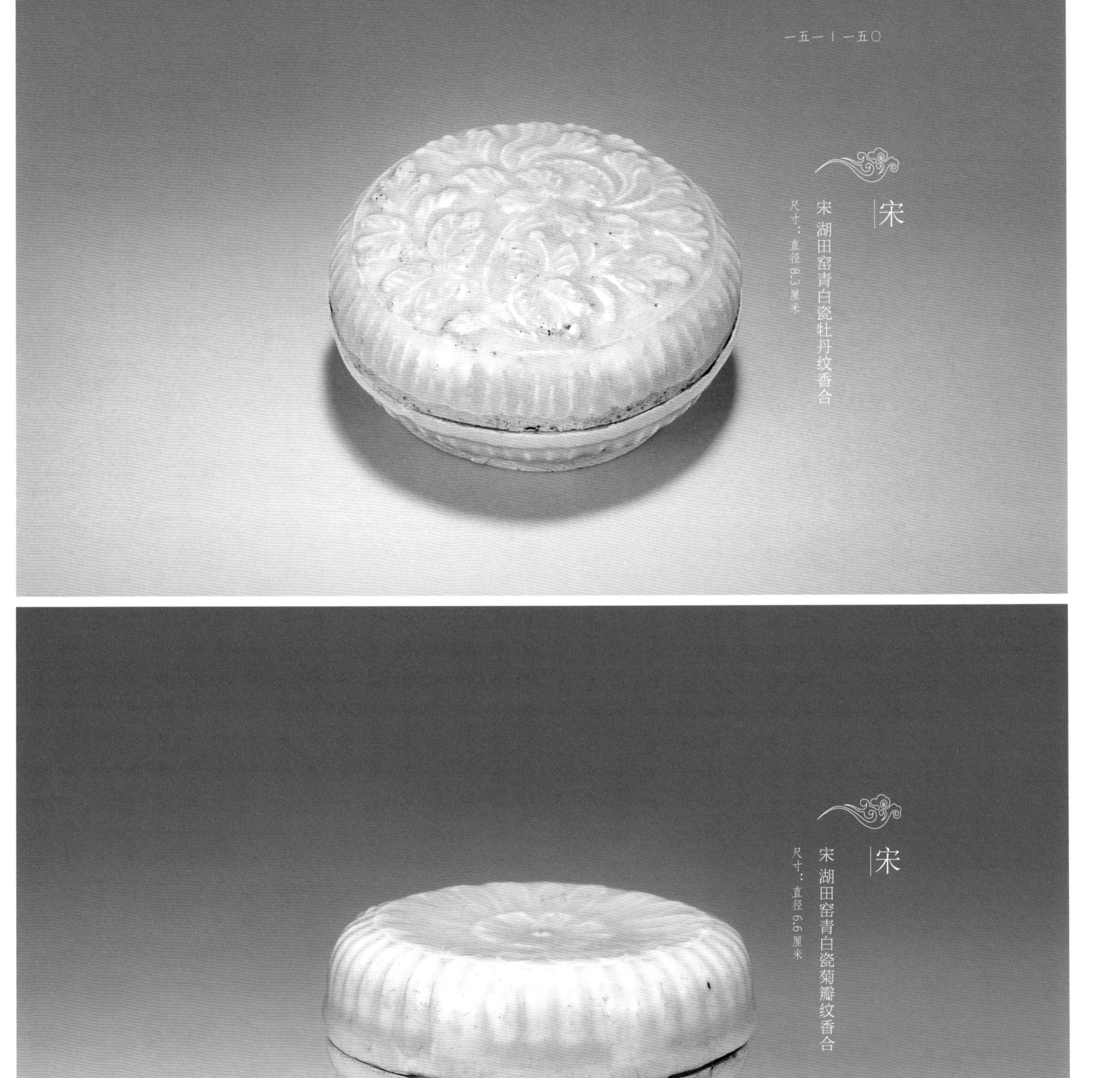

元

元末 剔犀云头如意纹香合

尺寸：直径 8 厘米

元

元 螺钿广寒宫图大香合

尺寸：直径 17.5 厘米，高 14 厘米

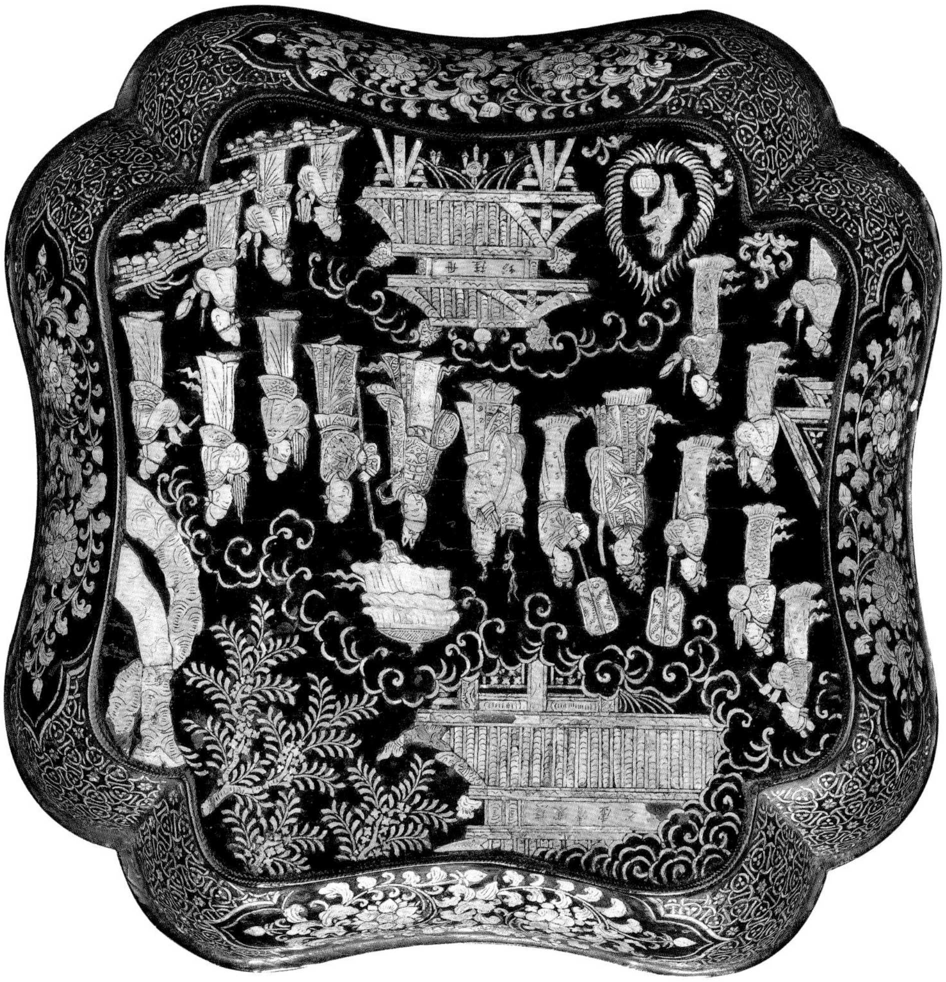

元

元 剔犀杨茂作红面大香合

尺寸：直径 11 厘米，高 3.8 厘米

明

明初 黑漆嵌螺钿花卉纹香合

尺寸：直径5.6厘米

明

明 剔红松下抚琴图倭角方形香合

尺寸：直径5厘米，高4.3厘米

明

明 黑漆嵌螺钿婴戏图多子香合

尺寸：长5.5厘米，高3.2厘米，宽4.5厘米

明

明 剔红渔翁得利多层大香盒

尺寸：长 11.8厘米，宽 11.8厘米，高 16.5厘米

二六一｜三六一

明

明 剔红松下老者玉兰礁石纹香合

尺寸：直径 5.5 厘米

明

明 竹胎髹朱漆菊纹方形香合

尺寸：直径 6.5 厘米，高 3 厘米

明

明 剔红布袋和尚香合

尺寸：直径 6.1 厘米

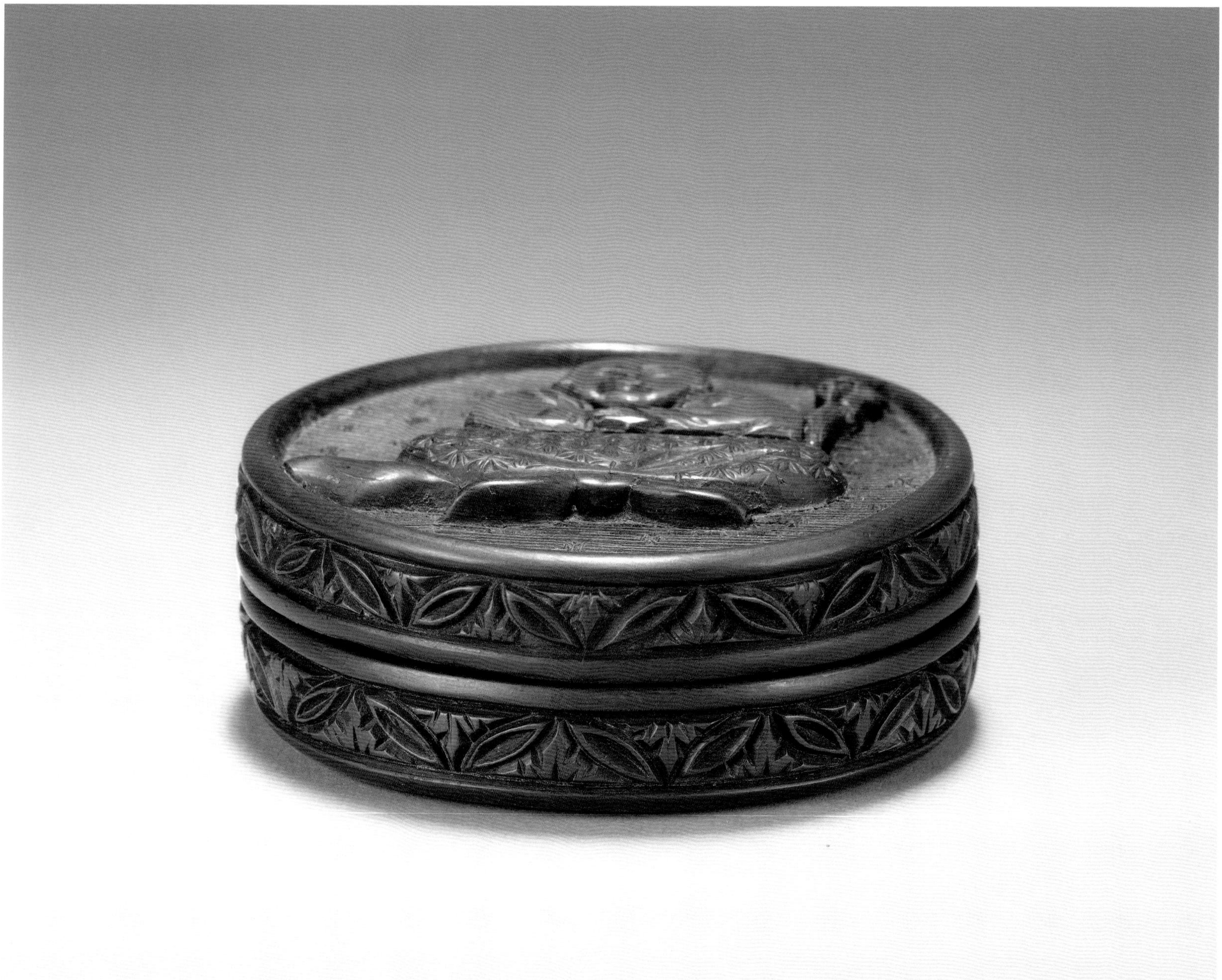

明 剔红山水楼阁香合

尺寸：直径 17.4 厘米，高 4.7 厘米

明

明 黑漆嵌螺钿诗文香合

尺寸：直径8厘米

|明

明 嵌螺钿访友图香合

尺寸：直径8厘米

明

明 嵌螺钿布袋和尚香合

尺寸：直径6.2厘米

明

明 螺钿人物瓜棱大香合

尺寸：直径21.5厘米，高7.5厘米

明

明 剔红一本万利香合

尺寸：直径7.5厘米，高3.5厘米

明

明 剔红松下策杖花卉纹方形倭角二重香合

尺寸：高8厘米

明

明 剔红龙纹香合

尺寸：直径6.7厘米，高3厘米

明

明 剔红伏虎罗汉银锭式多层香合

尺寸：直径 11.2 厘米，高 12 厘米

明

明 螺钿道教人物纹大香合

尺寸：直径 24.5 厘米，高 5.4 厘米

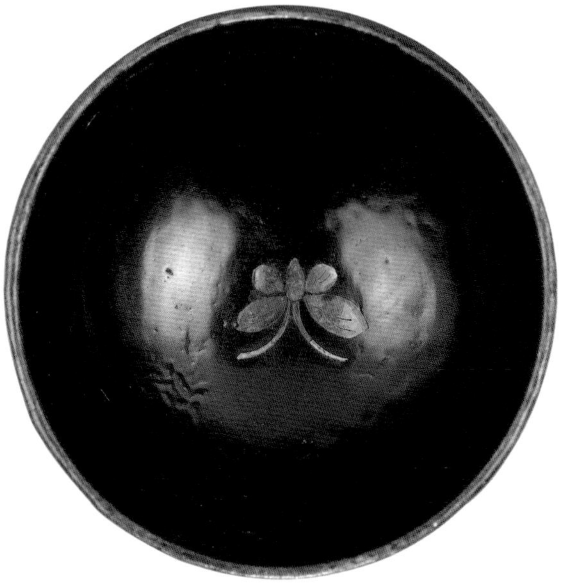

明

明 脱胎漆器嵌金片螺钿柚果形香合

尺寸：直径 3.5 厘米，高 3 厘米

明

明 剔红一帆风顺犀角形香合

尺寸：最宽5.7厘米

明

明 剔红松下高士图香合

尺寸：直径7厘米

明

明 黑漆嵌螺钿观月图香合

尺寸：直径8.2厘米

明

明 嵌螺钿楼阁人物纹香合

尺寸：直径8.1厘米

明

明 剔红携琴访友图香合

尺寸：直径 4.3 厘米

明

明 黑面剔犀香合

尺寸：直径 7.4 厘米，高 2.7 厘米

明

明 剔红达摩诗文香合

尺寸：直径5厘米

明

明 红绿彩兔子纹方形香合

尺寸：长5.2厘米，高2.6厘米，宽5.2厘米

明

明 剔红高升图香盒

尺寸：直径 6.2 厘米，高 4 厘米

明

明 水草玛瑙香合

尺寸：直径 6.1 厘米

明

明 嵌螺钿沐浴图方形香合

尺寸：长6.5厘米，高2.2厘米，宽6.5厘米

明

明 铜错银『石叟』款香合

尺寸：直径6.3厘米，高2.7厘米

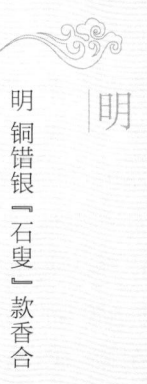

一八七 | 一八六

明

明 黑面剔犀香合

尺寸：直径 10 厘米，高 5.2 厘米

明

明 剔红浴马图五角形香合

尺寸：宽 7 厘米

清

清乾隆 景德镇窑青花狮子戏球纹犀角形香合

（底铭篆书「大清乾隆年制」）

尺寸：宽 5.5 厘米

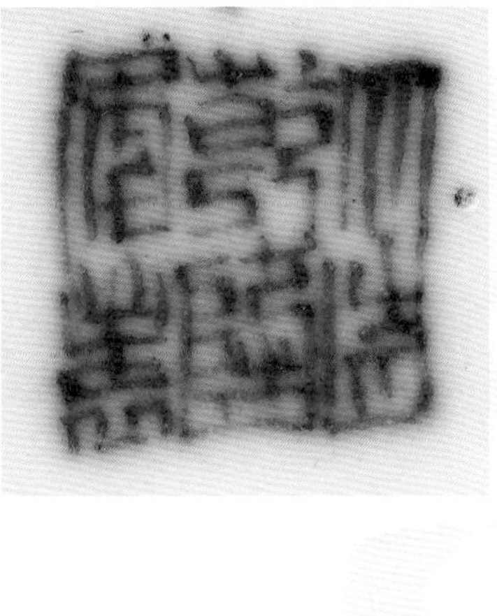

清

清 玳瑁雕楼阁人物纹香合

尺寸：直径7厘米

清

清 独山玉八角形香合

尺寸：直径7.2厘米，高3厘米

清

清 象牙镂雕金钱纹葫芦形香囊

尺寸：高 13.5 厘米

清

清雍正 青花折枝石榴纹鼓钉香合

尺寸：直径6.6厘米

清

清乾隆 剔红黑灵芝兰草纹香合

尺寸：直径6.3厘米

清

清初 剔红黑水草螃蟹纹香合

（底铭楷书「行有恒堂」，为清中后期加款）

尺寸：直径6厘米

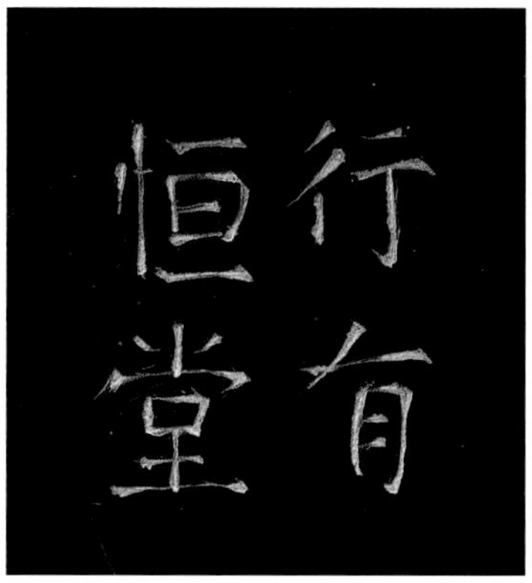

清

清 玛瑙福临君子香合

尺寸：宽8厘米

清

清 剔红人物香盒

尺寸：直径 7.2 厘米，高 3.4 厘米

清

清中期 青花夔龙纹煨瓷香合

尺寸：直径 6.3 厘米

清

清 瓷五彩凤纹香合

尺寸：直径 4.5 厘米，高 3.5 厘米

清

清初 黑漆描金山水人物纹香合

尺寸：直径9.6厘米

清

清乾隆 铜鎏金掐丝珐琅博古图香合

尺寸：直径5.7厘米

清

清 翡翠云龙纹三重香合

尺寸：直径5厘米

香筋瓶

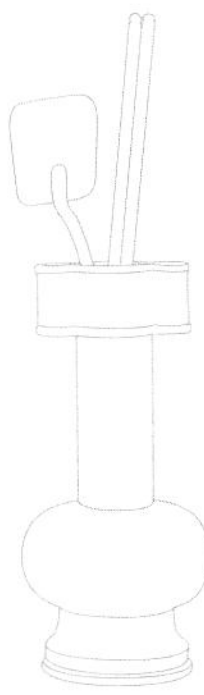

宋

元

明

香筋瓶

香筋瓶或称香壶，香瓶，为放置香工具的器具。通常以口小腹大的铜瓶或瓷瓶为之，《长物志》谓：『吴中近制，短颈，细孔者，插筋下重不仆。』在宋代亦有称之为香壶，《新纂香谱》香品器条载：『香壶，或范金，或埏为之，用盛匙箸。

香瓶一般以高度10至20厘米的铜、瓷、木、玉材质，口小腹大且底重的小瓶子为之，传世及出土的均较多。

清代中期以后因香事衰微，许多香瓶皆被当作插花的花器了。

二〇一—一二〇〇

宋

宋 海浪饕餮纹六棱双龙耳铜香筋瓶

（附香匙、香火筋）

尺寸：高 17.7 厘米

宋

南宋 海水锦地唐草纹祥云耳方口铜香筋瓶

尺寸：高19厘米

元

元 人物纹双龙耳三足铜香筋瓶

尺寸：高7.8厘米

宋

宋 海棠口瓜棱如意足铜香筋瓶

（附香匙、香火箸）

尺寸：高 12.3 厘米

明

明 铜错银饕餮纹铺首耳香筋瓶

（附香匙、香火箸）

尺寸：高 11.5 厘米

元

元末明初 六棱形锦地纹双托座活环耳铜香筋瓶

尺寸：高21厘米

明

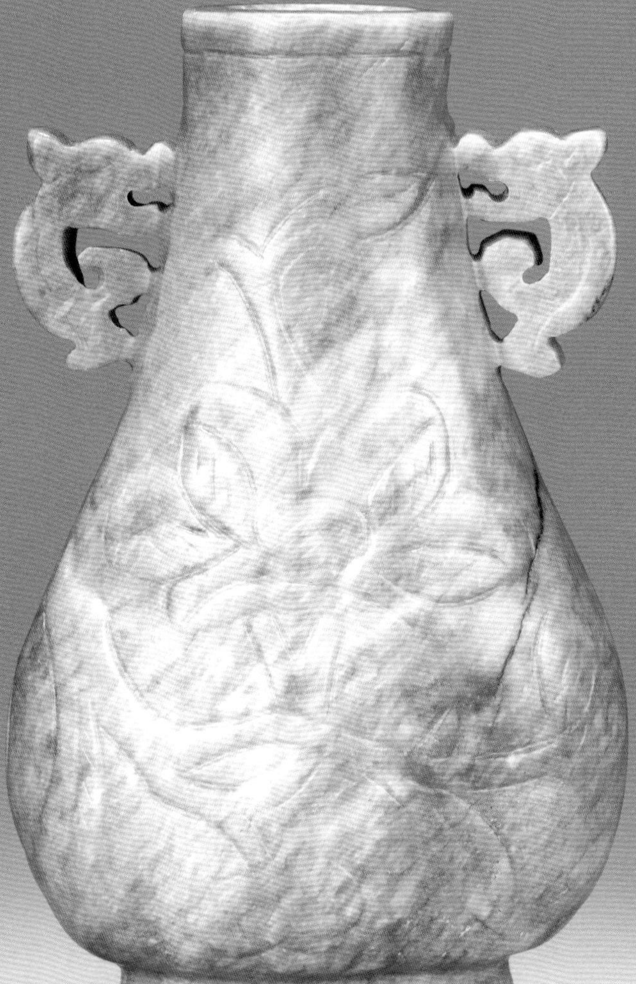

明 白玉秋葵沁折枝花卉纹双龙耳香筋瓶

尺寸：高9.6厘米

明

明 高浮雕龙纹双凤耳铜香筋瓶

尺寸：高 13.5 厘米

明 杂宝纹铜香筋瓶

（附香匙、香火筋）

尺寸：高 11.5 厘米

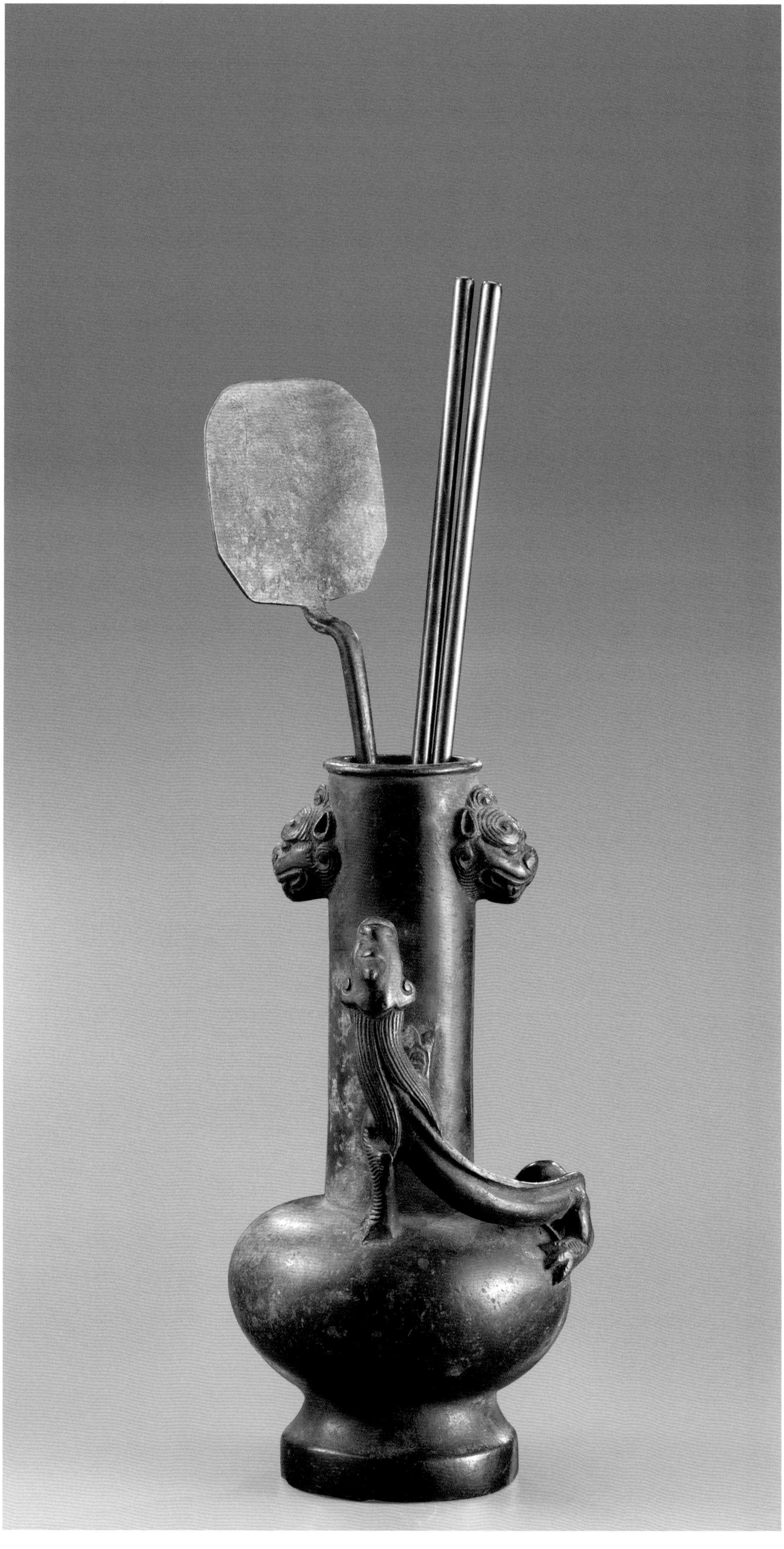

明

明 盘螭狮耳铜香筋瓶

（附香匙，香火筯）

尺寸：高14.5厘米

明

明 海浪纹贯耳铜香筯瓶

（附香匙、香火筯）

尺寸：高 16.4 厘米

明

明末 螭龙纹铜筯瓶

（附香匙、香火筯）

尺寸：高 12.3 厘米

明

明 海水龙纹出戟蚰耳铜香筋瓶

尺寸：高15厘米

清

清 玉香筋瓶

尺寸：高11.6厘米

香事用具

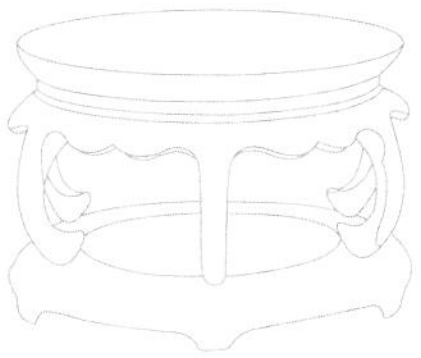

宋

元

明

清

炉瓶三事

香工具

《玉台新咏》行路难二首中有『博山炉暖百和香，郁金苏合及都梁……金炉香炭变成灰』之句。香事工具最晚在南北朝时期已经出现了，盖埋炭烧树脂类和香，必须有用香工具也。现今能见到的较早的香事工具为洛阳龙门唐永泰元年神会墓出土的香匙、香火筯；陕西法门寺唐代咸通十年佛塔地宫出土的唐代香匙、香火筯；，陕西蓝田北宋吕氏家族墓出土的香匙；沈阳新民辽滨塔塔宫出土的香匙、铜箸；福州茶园山南宋许峻墓出土的银香匙、银箸。明代的香事工具在外形上与唐宋以来的香具相差不大，皆是以箸状香火筯与长柄匙两件为一套，香匙铲部的形状大都为圆形，亦有少量方形及多边形、花形等。湖北钟祥市明代梁庄王墓出土了两套香匙，香火筯及放置工具的香瓶；北京十三陵明代万历皇帝墓出土了一套纯金香匙，香火筯和香瓶。

今明清两代存世的香事工具尚多，北京故宫博物院及台北故宫博物院均有数量较多的宫廷旧藏。如北京故宫博物院编号为：留平 58279、留平 58321、留平 58246 等皆是炉瓶盒、香火筯、香匙成套的。

香柜　香提匣

香柜顾名思义为存放香料、香炉等香事用具的柜子。分大小两种，大者与博古架或书橱相类，小者可置于案上。多以红木、紫檀、楠木、斑竹等为之，亦有木胎髹漆、雕漆、漆器嵌螺钿、漆器嵌八宝、漆器彩绘等。皆以雅致具文人意趣为佳。明代高濂云：『嗜香者，不可一日去香。书室中，宜制提匣，作三撞式，用锁钥启闭，内藏诸品香物，更设磁盒，磁罐，铜盒，漆匣，木匣，随宜置香，分布于都总管领，以便取用。须造子口紧密，勿令香泄为佳。俾总管司香出入紧密，随遇热炉，甚惬心赏。』外出会友、吃茶、游山、观湖等带上香提匣亦是风雅之事也。今香提匣古代实物存世尚多，属木质家具或文房杂项类，多以各类硬木制成，如紫檀、黄花梨、楠木、红木等，亦有漆器嵌螺钿、漆器彩绘、雕漆、竹制等，宋代以来亦有用日本制莳绘漆器者，并贵之。

香盘

香盘名称虽一实则分为四种：一种，战汉时期即有，乃承放香炉注热水用的。宋代《新纂香谱》谓：『香盘，用深中者，以沸汤泻中，令其蓊郁，然后置炉其上，使香易着物。』今考古发掘所得西汉至六朝之陶或铜博山炉下多有承盘，此即香盘也。古时用以熏衣之香炉下必置此类盘，今日本香道中熏衣尚用之。其二，香盘为承炉合之盘也，以长方形为多，亦有倭角、梅花、椭圆等形状，今北京故宫博物院旧藏有乾隆剔红海水玉兔纹香盘，底部有款为『海月香盘』，台北故宫博物院亦有清代乾隆御题诗铜鎏金椭圆形香盘。此类传世香盘多与文具盘、茶盘等相若，不易分辨。其三，香盘为插香之用，明代《考槃余事》载：『香盘，紫檀，乌木为盘，以玉为心，用以插香。』今此类香盘明代以前者不多见，清代中期以后瓷器为之者多见，俗多称之为香插盘，以插线香为用也。以圆形为主，体形较小，青花、粉彩、仿哥窑开片者均有，亦有铜、锡、银、掐丝珐琅等制作的。其四，香盘为烧香印盘，明代《遵生八笺·燕闲清赏笺》论宣德倭铜炉瓶器皿条载：『更有掺金香盘，口面四旁坐以四兽，上用凿花透空罩盖，用烧印香，雅有幽致。』湖北武昌龙泉山明代楚昭王墓出土的一件带铜罩盖的铜盘形炉与《遵生八笺》中所述相类似，此当为香印盘也。与此香盘一同出土的还有香匙及香火筋一套，为烧香印盘不可多得的实物资料。

宋

宋 剔红牡丹纹长方盘

尺寸：长 33.9 厘米，宽 15.9 厘米

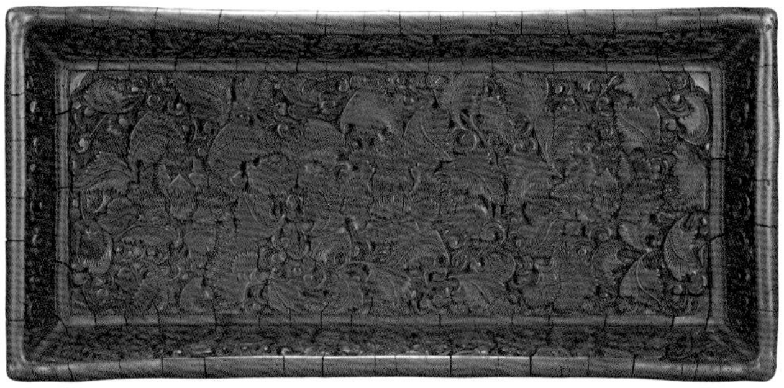

元

元 剔红孔雀香盘

尺寸：直径 31.3 厘米

元

元 红面剔犀张成制香盘

尺寸：直径 15.3 厘米

明

明 剔犀如意云头香盘

尺寸：长41厘米，宽24.5厘米

明

明 剔犀如意云纹长方香盘

尺寸：长 21.8 厘米，宽 17 厘米

明

明 御制诗纹倭角如意足方形铜香盘

（底铭“内用”）

尺寸：长 13.8 厘米，高 1.2 厘米，宽 13.8 厘米

明

明 黑漆嵌螺钿人物纹香柜

尺寸：长62.6厘米，高64.5厘米，宽32.2厘米

明

明 嵌螺钿三老品香图方形香盘

尺寸：长23厘米，宽23厘米

明剔紅鸚鵡牡丹方盤妙品

味去草堂珍藏

立庵史□題

明

明 剔红鹦鹉牡丹香盘

尺寸：长38厘米，宽4厘米

明

明 朱地金漆堆塑喜上眉梢倭角长方形香盘

尺寸：长34.5厘米，宽24.5厘米

明

明 黑漆嵌螺钿诗文三足栏杆式几

尺寸：高 34.5 厘米

明

明 螺钿刀马人物大香几

尺寸：长50.8厘米，高50厘米，宽41厘米

明

明 黑漆香几

尺寸：长46.5厘米，高28.5厘米，宽6.9厘米

明

明 髹黑漆嵌螺钿人物宝相花纹长方香几

尺寸：长 56 厘米，高 16 厘米，宽 34 厘米

明 剔红牡丹纹香台

尺寸：直径 21 厘米，高 14 厘米

清

清 湘妃竹香几

（韩天衡绘竹）

尺寸：长42厘米，高23.7厘米，宽13.9厘米

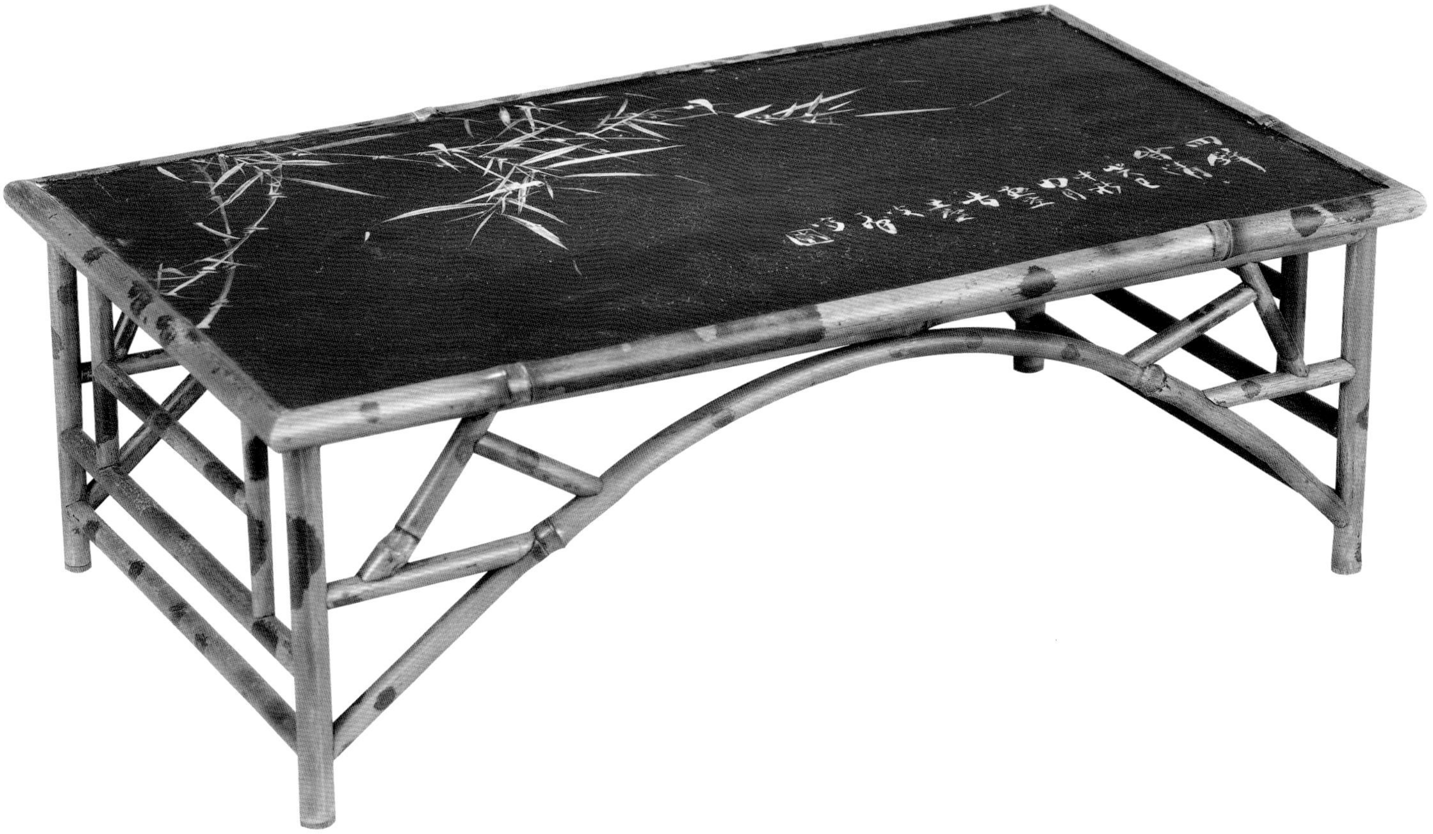

清

清 紫檀嵌银丝瘿木面小香几

尺寸：长 15.6 厘米，高 5 厘米，宽 11.5 厘米

清

清 剔犀云头如意纹长方香几

尺寸：长 53.4 厘米，高 9.3 厘米，宽 33 厘米

清

清 黑漆描金海屋添寿多足香几

尺寸：长64.5厘米，高24厘米，宽46.4厘米

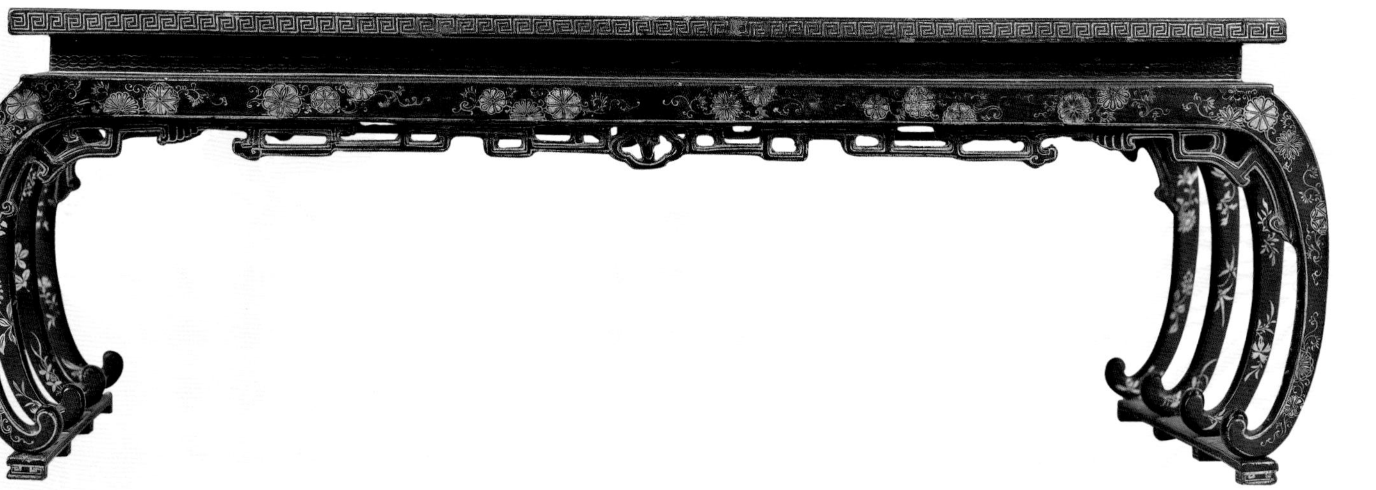

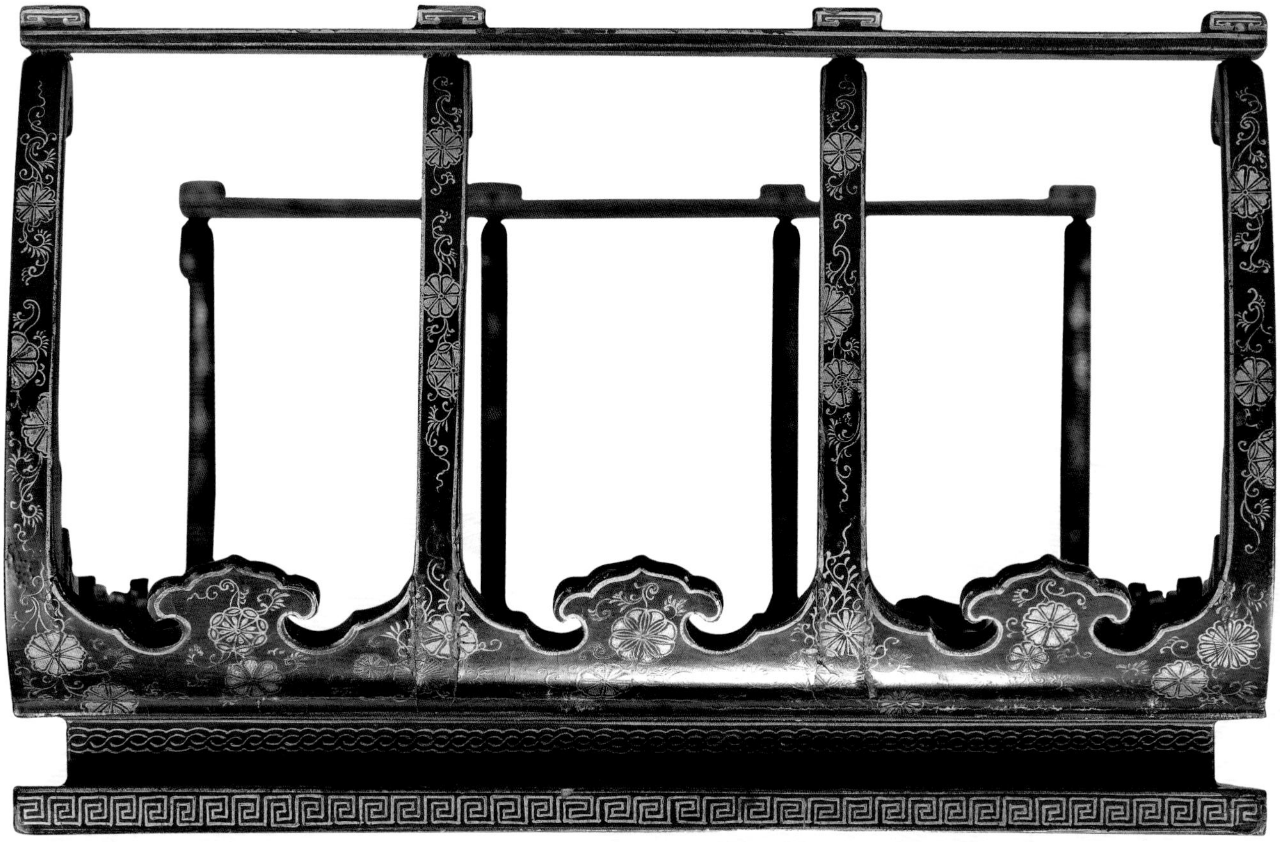

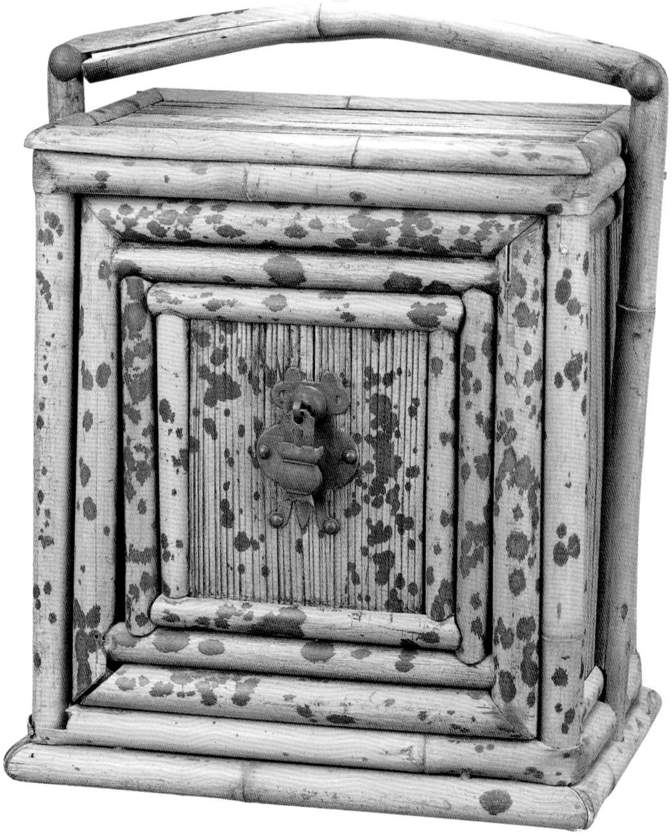

清

清 湘妃竹香提盒

尺寸：长34.5厘米，高40.5厘米，宽23厘米

清

清 竹制髹漆寿字纹香箱

尺寸：长50厘米，高45.5厘米，宽29厘米

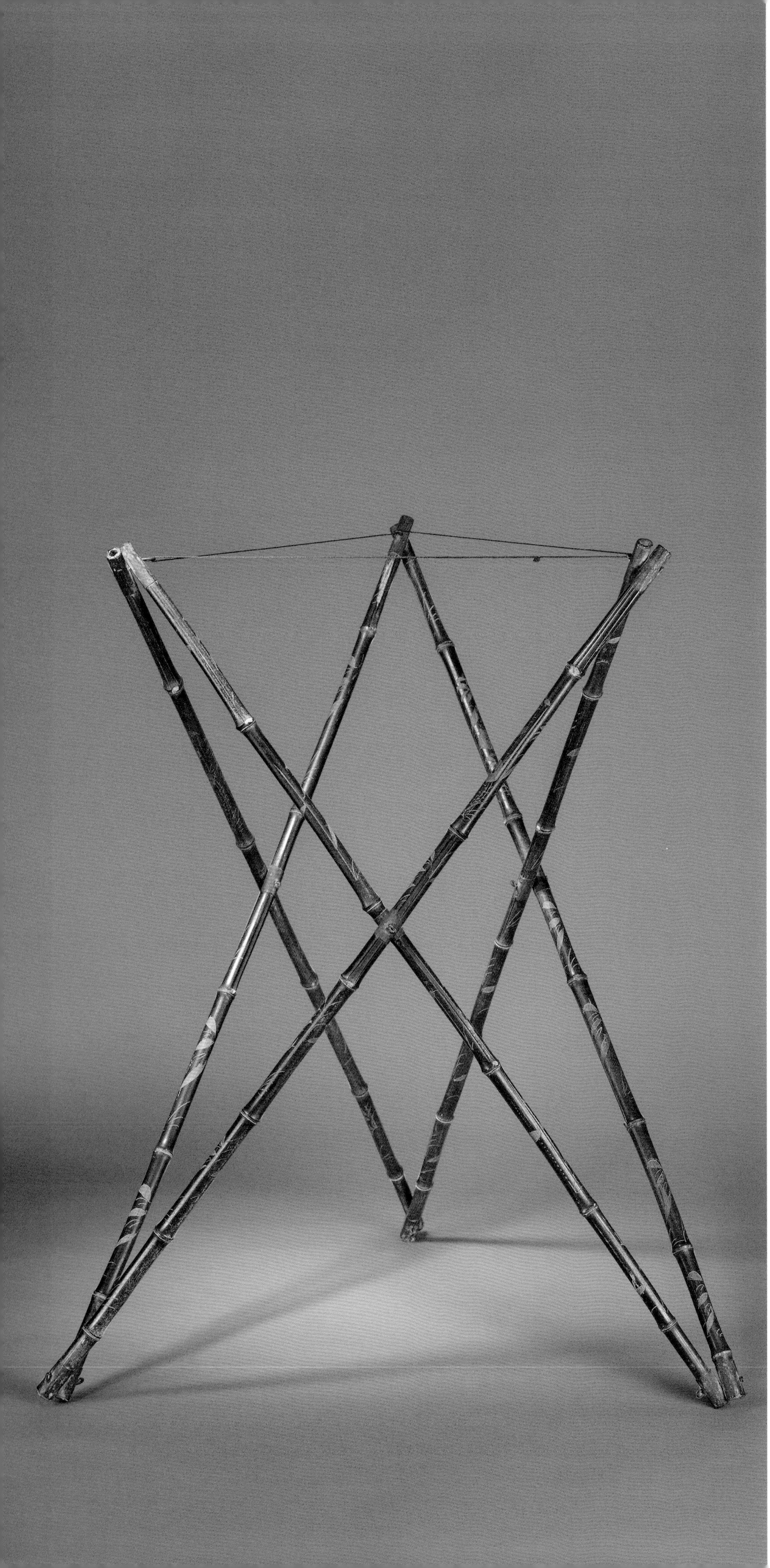

清

清 紫竹雕竹叶纹熏衣架

尺寸：高62.5厘米

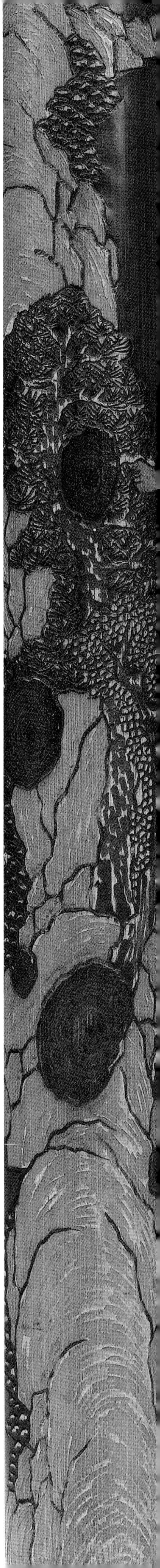

清

明 湘妃竹留青禅学道人山水香筒

尺寸：直径2.2厘米，高35.7厘米

正面

反面

清

清 牙柄刻『清影凌秋』『百事如意』文羽帚一对

尺寸：长15.5厘米

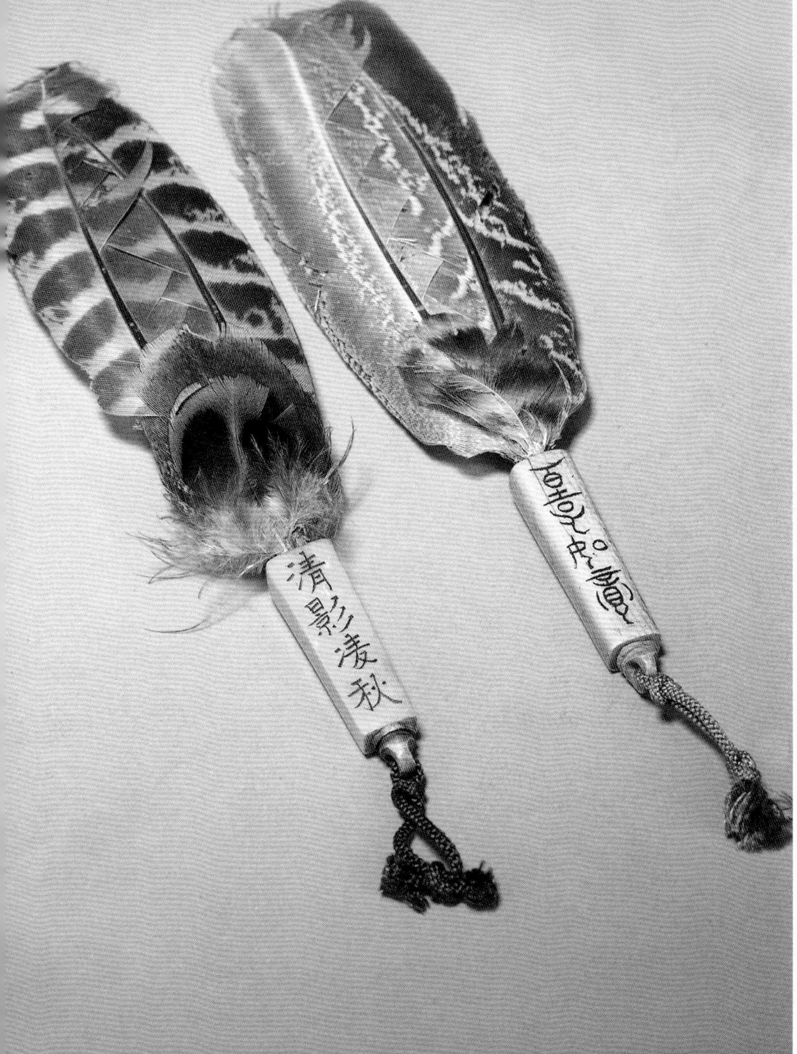

清

清 竹雕珍贤款香筒

尺寸：直径 3.5 厘米，高 35 厘米

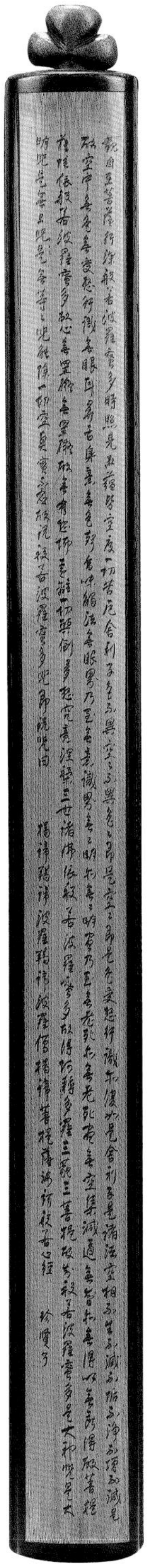

反面

正面

炉瓶三事

清 造办处铜鎏金炉瓶三事

尺寸：炉 长14.8厘米，高12厘米，宽7厘米；瓶 直径3.4厘米，高19.6厘米；盒 直径6.2厘米，高2.6厘米

炉瓶三事

清中期 铜鎏金花鸟纹炉瓶三事

（附香火箸、香匙）

尺寸：炉 直径 10.9 厘米，高 12 厘米；瓶 直径 3.8 厘米，高 10 厘米；盒 直径 5.8 厘米，高 4.5 厘米

炉瓶三事几

清 红木雕花卉金钱纹镶云石面炉瓶三事几

尺寸：长45.5厘米，高16.5厘米，宽14.2厘米

炉瓶三事几

清 木胎髹黑漆嵌金螺钿博古图炉瓶三事卷云几

尺寸：长27.5厘米，高7.3厘米，宽7厘米

沉香及棋楠雕刻艺术

明

清

当代

用于香事活动中品赏的沉香通常都是品级较高的，以我国海南岛、广东、云南及越南、柬埔寨、老挝、缅甸、泰国为主，另有少量印度尼西亚、文莱、马来西亚、印度等地的沉香，都属于瑞香科（Thymelaeaceae）植物，其中因生长地区地不同而产生三种不同的亚种，分别为：

壹　生长在中国广东、广西、海南岛、云南等地区的白木沉香（Aquilariasinensis Lour），又称白木香或土沉香、崖香、尝香、牙香、女儿香等，常绿乔木，高6～20米，胸径50～90厘米；树皮暗灰色，平滑，内皮白色，纤维发达，易剥落；小枝红褐色，幼时疏被柔毛。叶革质，椭圆形，卵形或倒卵形，长5～10厘米，宽2～5厘米，侧脉15～20对，网脉纤细，近平行，不明显；叶柄长约5毫米，被毛。伞形花序顶生或腋生；花芳香，被柔毛；花萼浅钟状，5裂；花瓣10，鳞片状，着生于萼管的喉部，雄蕊10；子房卵圆形，被毛，二室，每室1胚珠，花柱极短或无。蒴果倒卵圆形，木质，长2～3厘米，径约2厘米，顶端具短尖头，基部收缩，被短柔毛，熟时2瓣裂，种子1或2，基部有长约2厘米的尾状附属物。3～5月开花，果实9～10月成熟。分布区位于北回归线附近及其以南，多生于山地雨林或半常绿季雨林中。

汉魏以来中国所特有的白木沉香亦多有记载，汉《异物志·木蜜香条》中所载『木蜜名曰香树，生千岁，根本甚大，先伐僵之四五岁，乃往看，岁月久树材恶者腐败，唯中节坚直芬香者独在耳』为我国白木沉香的最早记载。

自宋以来白木沉香以产于海南岛者为最上品。宋寇宗奭《本草衍义》文中历数岭南所产之沉香并指出『沉之良者，惟在琼崖等州』。丁谓在宋代以嗜香闻名，所著《天香传》中对于海南岛所产沉香的性状品评分类及与它地所产之沉香比较高下述之甚详，并将海南沉香分为四名十二状，其中『其香香，若引东溟，浓腴湒湒，如练凝淹，芳馨之气，持久益佳。』即清润幽雅，留香持久的评定标准，成为后世香事中评品沉香优劣高下的准则。

白木沉香除了出产最顶上的海南岛以外，广东省的茂名、化州、博白、北流、高要、清远、陆河、电白、赛步、珠海，及香港等地均有出产。

贰　蜜香树（Aquilariaagalloccha Roxb）沉香主要产于中南半岛的越南、柬埔寨、泰国、老挝、缅甸等地，尼泊尔、斯里兰卡、印度等地亦有少量产出。

越南沉香早见于东汉杨孚的《交州异物志》，原文为：『蜜香，欲取，先断其根。经年，外皮烂，中心及节坚黑者，置于水中则沉，是谓「沉香」，次有置水中不沉与水面平者，名「栈香」，其最小粗者，名曰「椠香」。』交州是古地名，其地在今越南北，中部和我国广西的一部分相连，汉武帝元鼎六年平南越，没交州，是汉代十三州之一。交州下设九郡，其中交趾（今越南北部），九真（今越南清化省、义安省、河静省、广平省），曰南（今越南顺化以南），《交州异物志》所称的蜜香即今中南半岛所产之瑞香科沉香属植物的含树脂的部分——沉香，亦称『蜜香树』。

宋赵汝适《诸蕃志》卷下沉香条载：『沉香所出非一，真腊为上，占城次之，三佛齐，阇婆为下岸。』又宋周去非《岭外代答》卷七香门载：『沉香来自诸蕃国者，真腊为上，占城次之，真腊种类固多，以登流眉所产香，气味馨郁，胜于诸蕃。』可见中南半岛所产的蜜香树沉香以越南、柬埔寨为主，而古人对香气的感受又以泰国南部丁流眉为最上，柬埔寨、越南次之。

近现代中南部半岛的沉香以越南的广南省、广义省、惠安省、顺化省、广平省、庆和省、林同省为主，又以具体产地或集散地命名为：富森沉香、芽庄沉香、顺化沉香、惠安沉香等。柬埔寨沉香主要出产在菩萨省、国公省、拜林省、暹粒省等地，以菩萨省所产最为著名。由于历史原因，柬埔寨的沉香在阿拉伯市场是最受欢迎的，在中国古代的记载中，柬埔寨沉香的地位也高于越南的沉香，近现代由于战乱和偷盗的破坏，柬埔寨沉香产量已经大幅度减少。至于泰国、老挝、缅甸、尼泊尔、斯里兰卡、印度等地所产的沉香已经非常难得一见了。

叁 鹰木香树（*Aquilaria crassna Pierre*）沉香，主要产于马来西亚、印度尼西亚、文莱、巴布亚新几内亚等地，古称番香或下岸香，因近现代大都在新加坡交易，新加坡亦称星洲，故又称为星洲香。宋周去非《岭外代答》中南洋产沉香之地三佛齐即今苏门答腊），婆罗蛮即今印尼之加里曼丹，而《诸蕃志》中产香国佛罗安国即今之马来西亚半岛。马来西亚半岛和印度尼西亚等地区的星洲系沉香目前主要产地为文莱，马来西亚以及印尼的加里曼丹、马利瑙、打拉根、安汶、伊利安、查亚布拉等地区，目前沉香交易中以这些地区所产的鹰木沉香为最大宗，占到整个市场的七成以上，特别是沉香雕刻和沉香念珠几乎占到市场百分之九十五以上的份额。

但是星洲系沉香自古以来便不被我国的品香者所喜欢。《岭外代答》卷七『若三佛齐等国所产，则为下岸香矣，以婆罗蛮香为差胜。下岸香味皆腥烈，不甚贵重。沉水者，但可入药耳。』又宋《桂海虞衡志》志香条谓：『舶香往往腥烈，不甚腥者，意味又短，带木性，尾烟必焦……质量实，多大块，气尤酷烈，不复风味，惟可入药，南人贱之。』

自古以来，传统香席所用香品大都不会用到星洲系的沉香，唯马来西亚（于马来半岛北部近中南半岛）所产的红棋楠和金丝棋楠可以入品，具有非常奇异的香气，可称为异香，亦是极为稀有。

棋楠香（Aquilaria crassna Pierre）

棋楠香的名称为南亚一带马来语 Kelambakh、占城语 Gahla、越南语 Ky　nan Huong、高棉语 Klem Krasina 音译而来，最早期出现于佛经中，梵语谓之『阿伽卢』或『多伽罗』，亦指沉香之类也。然北宋以前并未见到棋楠香名称的正式记载。

南宋末期有《陈氏香谱》（元初再版又称为《新纂香谱》），此谱为南宋末至元初人陈敬所著，书中卷一香品伽阑木条载：『伽阑木一作加蓝木。今按：此香木出迦阑国，亦占香之种也，或云生南海补陀岩。盖香中之至宝，其价与金等。』自南宋以来别名甚多，如：伽阑木、伽蓝木、伽南香、奇南香、伽楠香、迦蓝香、奇蓝香、棋楠等，亦皆音译之不同也，在日本的香道界中称之为伽罗（音 kara）。可知最晚到南宋末期，棋楠香已经被当时的香家所认识，其产地为占城（今越南中部）为香中之至宝，其价与金等。

明代周嘉胄《香乘》卷之五香品奇蓝条云：『占城奇南出在一山，酋长禁民不得采取，犯者断其手，彼亦自贵重。乌木降香，樵之为薪。』（《星槎揽胜》）奇蓝香上古无闻，近入中国，故名字有作奇南，茄蓝，伽南，棋楠等，不一而用，皆无的据。其香有绿结，糖结，蜜结，生结，金丝结，虎皮结，大略以黑绿色，用指掐有油出柔韧者为最，佩之能提气，令不思溺，真者价倍黄金，然绝不可得。倘佩少许，才一登座，满堂馥郁，佩者去后香尤不散。今世所有皆彼酋长禁山之外产者。』又明屠隆《考槃余事》卷三香条曰：『香之为用，其利最溥……品其最优者，伽南止矣。第购之甚艰，非山家所能卒办。』

明代香家对于棋楠香已经非常熟悉了，因棋楠香极为稀有珍贵，故绝非普通香家所能享用，即便是屠隆这样的官员名士（官至礼部主事，郎中）亦叹第购之甚艰，而不能卒办，可见棋楠香在明代之珍稀贵重。再如明代关于嘉靖年间权相严嵩的抄家单子（记录于《天水冰山录》）中金银珠玉古董等不可计数，查抄出：『檀沉速降各香二百九十一根，共重五千五十八斤一十两，沉香山四座，奇南香三块』，即便是贵为一人之下万人之上的首辅权相家藏棋南香亦不过三块。

亦证屠隆所言『第购之甚艰』所言不虚。

清代由番属国朝贡和官员例贡的棋楠香除了煎熏品和赏赐以外，大都雕刻成了工艺品，目前北京故宫博物院、台北故宫博物院都有一定藏量。《养心殿造办处史料辑览》第一辑雍正朝中载有雍正二年做伽楠香鸳鸯暖手的记载。棋楠香在清代民间也有一定的收藏量，通常也是制成各类工艺品，如十八子手珠、朝珠、佩件、暖手、酒杯、笔筒、扳指、香山子等，然文字记载较少。民国初年徐珂编撰的《清稗类钞》第十二册物品类伽楠香条载有：『粤商某刻牙牌式伽南香坠一枚，大小及半寸，其半镂山岩一角，茂林之下露一小亭，中有人，坐竹榻，依枕倾耳，如有所闻，其半则海水汩没，云气滃鬱，具苍莽之致，令人色飞眉舞，盖取唐许浑「云横海气琴书润，风带潮声枕簟凉」之意也。』的记载，现今此类民间棋楠香的工艺品在各大博物馆及民间少量的藏家手中亦视若拱璧，极为珍贵。

对于棋楠香的产地自古以来是比较明确的，分别为：占城（今越南中南部地区）、交趾（今越南北部地区）、真腊（今柬埔寨）、暹罗（今泰国）、琼州（今海南岛），其中多数史料皆称出占城者为佳。

今通过实地调查得知，目前越南所产棋楠香多出于越南的庆和省、林同省（即古文献中之占城国）其他地区几乎是不出产的，而柬埔寨棋楠只出产于菩萨省，泰国已无棋楠出产，我国海南省儋州尖峰岭山区亦有极少量的棋楠香出产。

棋楠香的定义分类及品级鉴定自宋代以来是一个由简而细的过程，因棋楠香得来极为不易，故得窥全豹者亦不多，由此而形成了史料中对于棋楠香的定义，分类和品级评定有较大的差异。

棋楠香的品级评定在史料记载中差异较大，有以糖结为最顶上的，有以鹦哥绿为顶上的，有以油结为顶上的，有以生结为佳的，又有以熟结为佳的。整理明清以来对于棋楠香的品类名称可分为：绿结、糖结、鹦哥绿蜜结、金丝结、油结、兰花结、生结、虎斑金丝结、熟结、虫漏结、脱落结、铁结、气结等。然名称差异虽大，但顶上棋楠香的形状描述却基本一致。顶上棋楠香必须是颜色较深，以黑绿色、饴糖色、紫红色为主，性质软而润，掐之有痕而有油，释之痕和，锯下的细屑会自然结成团块状。嗅之清润香甜，久而不减。次等的性质较顶上的为硬，掐之或有微痕，无油出，木多而香少，故色较浅，以微黄色或黄中微绿为主，嗅之香气轻微。大致以油、糖、蜜、绿、兰花等结为顶上，以金丝、虎斑为次等。

现今东南亚越南香市及泰国，柬埔寨香市上棋楠香一般为白棋楠香、绿（青）棋楠香、紫棋楠香、黑棋楠香四个品种，每个品种视结油的多少又分为顶上，特级，一级等不同的等级，其中公认的顶上棋楠已难得一见了，即便有之，商家一般都视若拱璧，秘藏不售。盖拥有顶上棋楠亦香圈中地位和财力的象征也。

明

明 棋楠香山水笔筒

尺寸：高 8.2厘米

当代

海南棋楠山子

尺寸：高11厘米

明

明 棋楠山形笔架

尺寸：高11厘米

清

清 棋楠扳指

（原配锡制养香合）

尺寸：直径3厘米，高2.5厘米

清

清 松下高士沉香杯

尺寸：高5厘米

清

清 棋楠满汉文斋戒牌

尺寸：长 5.9 厘米，宽 4.5 厘米，厚 0.7 厘米

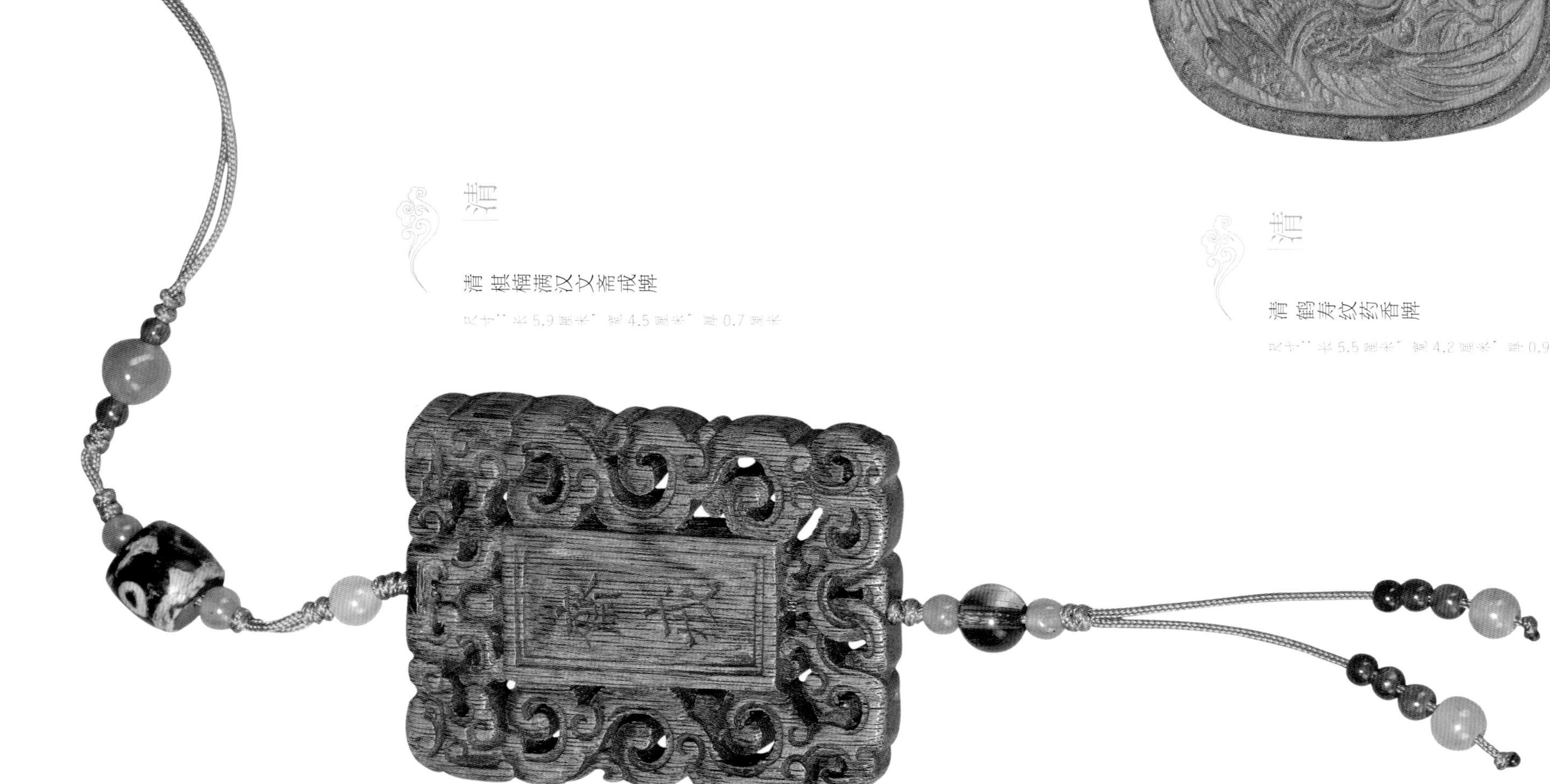

清

清 鹤寿纹药香牌

尺寸：长 5.5 厘米，宽 4.2 厘米，厚 0.9 厘米

清

清 棋楠朝珠

尺寸：珠子直径 1.8 厘米

清

清 棋楠朝珠

尺寸：珠子直径 1.8 厘米

清

清 各色棋楠十八子念珠

当代

柬埔寨菩萨绿棋楠山子

重量：675 克

后记

『传统之文人香事文物特展』缘起于韩天衡先生平素与海上熏习香事诸家品香论艺之雅好。精于此道者，如法华学问寺、十日斋、锦雅轩、取舍、凹凸堂、日古精舍、轶园、云居、紫元香学、鉴余雅集、懿然居、锦云堂、海川阁、味春草堂、清禄书院、艺园等，诸香事家尽出珍藏，凡五百余件（套）历代香炉、香具，上下逾两千年；更有珍贵如棋楠、沉香等型材，当令观者目不暇接。且芳馨弥散，琴音绕梁，集视、听、嗅于一室，其雅何复道哉？

海上收藏『半壁江山』之誉，诚非虚言也。

策展既成，及至展览开幕仅短短三个月，征集展品、登记造册、入库安置、撰文作序、设计布展、编辑刊印等甚是辛劳。子曰：『同心之言，其臭如兰。』承中国社会科学院考古研究所文化遗产保护研究中心指导，及诸专家、学人并馆内职工均兢兢业业、通宵达旦、忘我奉献，在此谨致以深深的感谢！

《孔子家语》云：『与善人居，如入芝兰之室，久而不闻其香，即与之化矣。』愿此次中华传统之香文化展事亦如入善人之居，观众皆融入在如馨如兰的香事之中！

籍以是册，流芳久长。

韩天衡美术馆

执行馆长 徐晓东

2013 年 12 月

图书在版编目（CIP）数据

澄怀观道：传统之文人香事文物／吴清 韩回之主编.--

上海：上海科学技术出版社，2014.1

ISBN 978-7-5478-2116-9

Ⅰ.①澄… Ⅱ.①吴… Ⅲ.①香料—文化—中国

Ⅳ.①TQ65

中国版本图书馆CIP数据核字（2013）第293809号

上海世纪出版股份有限公司
上海科学技术出版社 出版、发行

（上海钦州南路71号 邮政编码：200235）

新华书店上海发行所经销

上海雅昌彩色印刷有限公司设计印制

开本 635×965 1/8 印张：32

2014年1月第1版 2014年1月第1次印刷

ISBN 978-7-5478-2116-9/G·483

定价：480元